高层总部办公综合体
建筑设计及室内设计研究

Research on Architectural & Interior Design of High—Rise HQ Office Complex

陈朝阳　周　文　冯文成　主编

广东省建筑设计研究院有限公司　编

中国建筑工业出版社

图书在版编目（CIP）数据

高层总部办公综合体建筑设计及室内设计研究 =
Research on Architectural & Interior Design of
High-Rise HQ Office Complex / 陈朝阳，周文，冯文
成主编；广东省建筑设计研究院有限公司编. -- 北京：
中国建筑工业出版社，2023.5
ISBN 978-7-112-28636-2

Ⅰ. ①高… Ⅱ. ①陈…②周…③冯…④广… Ⅲ.
①高层建筑–办公建筑–建筑设计–研究②高层建筑–办
公建筑–室内设计–研究 Ⅳ. ① TU243

中国国家版本馆 CIP 数据核字 (2023) 第 069428 号

责任编辑：费海玲　张幼平
文字编辑：汪箫仪
特邀策划：叶　飚
封面照片：广州无限极广场（叶飚　摄）
封面设计：蔡　圆
翻　　译：黄健茵　何　炜
版面设计：叶仲轩　蔡　圆　陈媛媛
责任校对：张惠雯

主编：陈朝阳　周　文　冯文成
章节执笔者：
陈朝阳：前言、第一章、第二章
周　文：第四章
冯文成：第五章、第六章
孙礼军：第三章
孙方婷：第七章

高层总部办公综合体建筑设计及室内设计研究
Research on Architectural & Interior Design of High-Rise HQ Office Complex
陈朝阳　周　文　冯文成　主编
广东省建筑设计研究院有限公司　编
＊
中国建筑工业出版社出版、发行（北京海淀三里河路 9 号）
广州维图轩广告设计有限公司制版
恒美印务（广州）有限公司印刷
＊
开本：889 毫米 ×1194 毫米　1/16　印张：14　字数：306 千字
2023 年 5 月第一版　2023 年 5 月第一次印刷
定价：228.00 元
ISBN 978-7-112-28636-2
（41117）

前言

在人们的日常生活中，利用办公空间的时间是最长的。办公建筑承担着城市形象、区域标志、社会价值和个人价值实现载体的重要作用。

21世纪，全球经济竞争加剧，总部经济作为一种新的经济形态产生了。总部办公建筑从农业社会雏形到工业社会的建立，再到现代智能化办公建筑的发展，每一步都与企业总部经济的发展息息相关。

随着总部经济的发展，不少具有一定规模的企业为了提高其整体的竞争力，正在逐渐地将其管理职能与生产职能在空间上进行着分离，并把公司的总部或是地区性总部在某些特定的中心城市或区域集中。

一般可将办公建筑分为商业办公、总部办公和政务办公三种建筑类型，随着社会经济和城市建设的快速发展，总部办公建筑日益成为办公建筑的佼佼者。成功企业的总部办公建筑往往都有着共同的特点，在企业文化、办公环境、建筑造型、体现完美的建筑功能和建筑科技等方面都独树一帜。

城市化进程催生了高层城市综合体的发展，它适应了城市化进程的多种需求，诸如城市土地利用的均衡性和整合城市资源的高效性等。高层城市综合体可细分为多种类型，其中高层总部办公综合体是高层城市综合体的一种重要类型。

高层总部办公综合体兼有城市综合体和总部办公建筑的特征。作为城市综合体，它强调经济效益和社会效益，达到集约城市用地，高效整合城市资源的目的；作为总部办公建筑，它不仅要展现企业文化和传递企业精神，还要注重办公环境，激发企业员工的交流与合作，致力于提高企业的办公效率。

曾几何时，办公建筑的封闭空间、冰冷的墙面、惨淡的灯光、呆板的家具，不能给员工带来良好的心理感受。很多办公建筑内部只有会议室、办公室等主要功能部分，缺乏公共交流区域、休闲娱乐区域，这种功能性质单一的办公空间和缺少人文关怀的办公环境，长期影响着办公建筑的空间设计和室内装修设计。

时至今日，在绿色建筑理念的指导下，宜人的办公环境已成为总部办公建筑的特征之一。总部办公建筑，特别是高层总部办公综合体建筑，一直引领着办公空间和办公环境的设计潮流，将高层总部办公综合体建筑绿色办公环境的现代气息表现得淋漓尽致。

本书探讨了现代高层总部办公综合体的发展趋势，以广东省建筑设计研究院有限公司设计的高层总部办公综合体的大量实践案例作为研究对象，针对现代高层总部办公综合体的诸多问题，诸如对高层总部办公综合体功能需求策划不足、定位不适应市场、办公空间设计不够灵活等问题展开研究，论述了现代高层总部办公综合体的建筑设计和室内装修设计的方法。作为一项研究成果，这无疑将对未来该领域的设计工作具有现实的指导意义。

Preface

We use office space for the longest hours in our daily life. Office buildings bear important roles as the carriers realizing city images, regional symbols, social values and individual values.

In the 21st Century, headquarters economy has emerged as a new economic form along with the intensification of global economic competition. From the embryonic form of agricultural society to the establishment of industrial society, then to the evolvement of modern intelligent office building, the development of headquarters office building is closely aligned with that of the corporate headquarters economy in every step.

As the growth of headquarters economy, in order to improve their overall competitiveness, many companies with a certain scale are gradually separating the management functions and production functions in terms of space, and centralizing their companies' headquarters or regional headquarters in some specific central cities or regions.

Generally, office buildings can be divided into three types: commercial office, headquarters office and government affairs office. Headquarters office building has stood out from office buildings with the rapid development of social economy and urban construction. The headquarters office buildings of successful companies often share common characteristics, and are unique in corporate culture, office environment, architectural shape, perfect architectural functions and architectural technology etc.

The urbanization process has expedited the development of high—rise urban complex, which meets various demands of the urbanization process, such as the balance of urban land use and the efficiency of integrating urban resources. High—rise urban complex can be subdivided into many types, among which high—rise headquarters office complex is of high importance.

The high—rise headquarters office complex combines the characteristics of urban complex and headquarters office building. As urban complex, it features economic and social benefits, and achieves the purpose of intensive urban land use and efficient integration of urban resources; as headquarters office building, it not only presents corporate culture and conveys corporate spirit, but also focuses on office environment, motivates employees to communicate and cooperate so as to improve the office efficiency of the company.

In the past, the enclosed space, cold walls, dim lighting and dull furniture of office building would lead to negative psychological feelings for employees. There were only main functional space such as conference rooms and offices inside of many office buildings, while public communication areas as well as leisure and entertainment areas were lacking. The office space of monotonous function and nature, together with the office environment short of humanistic care have been affecting the space design and interior decoration of office building in the long term.

Today, under the guidance of the green building concept, pleasant office environment has become one of the characteristics of headquarters office building. Headquarters office building especially high—rise headquarters office complex has been leading the design trend of office space and office environment, manifesting the modern atmosphere of green office environment of high—rise headquarters office complex in the full sense. In this book, we have probed into the development trend of modern high—rise headquarters office complex. Taking a large number of practice cases of high—rise headquarters office complex designed by Guangdong Architectural Design and Research Institute Co., Ltd. as the research objects, aiming at various problems of modern high—rise headquarters office complex, such as insufficient planning of functional requirements, inappropriate positioning for the market, and inflexible office space design etc., and discussed the architectural design and interior decoration design methods of modern high—rise headquarters office complex, which will undoubtedly provide practical guidance for the future design in this field as a research result.

目录

前言　　　　　　　　　　　　　　　　　　　　　　　　　　　　　　　003

1　高层总部办公综合体概论　　　　　　　　　　　　　　　　　　　　016
1.1　高层总部办公综合体定义　　　　　　　　　　　　　　　　　　　016
1.2　高层总部办公综合体建筑类型及特征　　　　　　　　　　　　　　016
1.2.1　建筑类型　　　　　　　　　　　　　　　　　　　　　　　　　016
1.2.2　建筑特征　　　　　　　　　　　　　　　　　　　　　　　　　019
1.3　高层总部办公综合体功能构成　　　　　　　　　　　　　　　　　019
1.3.1　总部办公功能构成　　　　　　　　　　　　　　　　　　　　　019
1.3.2　商业办公、酒店、公寓、商业、公共设施功能构成　　　　　　　021
1.3.3　总部办公综合体功能板块分布及特点　　　　　　　　　　　　　022
1.4　高层总部办公综合体建筑的历史回顾　　　　　　　　　　　　　　023
1.5　高层总部办公综合体建筑的发展趋势　　　　　　　　　　　　　　024

2　高层总部办公综合体建筑选址与总体布局　　　　　　　　　　　　　026
2.1　选址　　　　　　　　　　　　　　　　　　　　　　　　　　　　026
2.2　总体布局　　　　　　　　　　　　　　　　　　　　　　　　　　026
2.2.1　交通组织　　　　　　　　　　　　　　　　　　　　　　　　　026
2.2.2　总平面设计　　　　　　　　　　　　　　　　　　　　　　　　027

3　高层总部办公综合体建筑设计　　　　　　　　　　　　　　　　　　032
3.1　高层总部办公楼综合体办公功能区板块设计要点　　　　　　　　　032
3.2　高层总部办公综合体裙房设计　　　　　　　　　　　　　　　　　033
3.2.1　办公为主导功能裙房的空间组织　　　　　　　　　　　　　　　035
3.2.2　商业为主导功能裙房的空间组织　　　　　　　　　　　　　　　035
3.3　高层总部办公综合体塔楼设计　　　　　　　　　　　　　　　　　037
3.3.1　塔楼办公功能标准层平面设计　　　　　　　　　　　　　　　　038

3.3.2　塔楼竖向分区与区间转换　　039

3.3.3　塔楼核心筒　　039

3.3.4　电梯设计和案例分析　　041

3.3.5　避难层、设备层和结构加强层　　045

3.3.6　塔楼顶部　　045

3.4　地下室设计　　046

3.4.1　地下商业空间　　046

3.4.2　地下停车库　　048

3.4.3　设备配套用房　　048

3.5　高层总部办公综合体的造形与色彩　　049

3.5.1　高层塔楼的形态分析与形体创造　　049

3.5.2　裙房的形态分析与形体创造　　053

3.5.3　塔楼与裙房形态的有机结合　　054

3.5.4　高层总部办公综合体的色彩　　055

4　高层总部办公综合体建筑设计实例分析　　056

4.1　工程案例分析和总结　　056

4.2　高层总部办公综合体实例　　057

4.2.1　广州无限极广场　　058

4.2.2　天德广场　　062

4.2.3　深圳华润中心（一期）　　066

4.2.4　深圳招商局广场　　070

4.2.5　广州报业文化中心　　074

4.2.6　高德置地冬广场　　078

4.2.7　白云绿地金融中心　　082

4.2.8　中国南方航空大厦　　086

4.2.9　城际中心　　090

4.2.10　南海意库梦工场大厦 094

4.2.11　华润前海中心 098

4.2.12　华海金融创新中心 102

4.2.13　深圳前海鸿荣源中心 106

4.2.14　东莞信息大厦 110

4.2.15　华策国际广场 114

4.2.16　保利商务中心 118

4.2.17　宗德服务中心 122

4.2.18　珠海横琴保利中心 126

4.2.19　珠海横琴星艺文创天地（一期） 130

4.2.20　金湾华发国际商务中心商务区 134

4.2.21　保定万博广场 138

4.2.22　昆明西山万达广场 142

5　高层总部办公综合体建筑室内设计 146

5.1　高层总部办公综合体建筑室内设计概述 146

5.2　高层总部办公综合体的公共空间室内设计 151

5.2.1　总部办公大堂、首层电梯厅 151

5.2.2　中庭 152

5.2.3　商业空间 154

5.3　高层总部办公综合体的办公空间室内设计 156

5.3.1　门厅、前台、接待空间及公共走廊 156

5.3.2　展览中心 158

5.3.3　会议中心和培训中心 160

5.3.4　顶层办公区 160

5.3.5　标准层办公室 162

5.3.6　员工餐厅、休闲空间 162

5.4　高层总部办公综合体室内设计原则　164

5.4.1　高层总部办公综合体的室内色彩原则　164

5.4.2　高层总部办公综合体的室内造型原则　165

5.4.3　高层总部办公综合体的室内材质原则　166

5.4.4　高层总部办公综合体的心理环境原则　167

6　高层总部办公综合体室内设计实例分析　168

6.1　室内设计工程案例分析总结　168

6.2　高层总部办公综合体室内设计实例　169

6.2.1　广州无限极广场　170

6.2.2　中国移动广东公司总部大厦　174

6.2.3　中国南方航空大厦　178

6.2.4　中国人寿大厦　182

6.2.5　广州琶洲会展大厦　186

6.2.6　潮宏基总部大厦　190

6.2.7　珠海横琴洲际航运大厦　194

6.2.8　广东农信数据中心　198

6.2.9　杰创智能总部及研发基地　202

6.2.10　广州报业文化中心　206

7　高层总部办公综合体绿色建筑设计技术　210

7.1　绿色建筑设计技术　210

7.2　绿色建筑设计预评估　214

7.3　绿色建筑设计预评估案例　214

7.4　绿色建筑性能的后评估　222

参考文献　223

Contents

Preface   004

1   Introduction to High—Rise HQ Office Complex   016

1.1   Definition of High—Rise HQ Office Complex   016

1.2   Types and Features of High—Rise HQ Office Complex Building   016

1.2.1   Building Types   016

1.2.2   Building Features   019

1.3   Function Composition of High—Rise HQ Office Complex   019

1.3.1   Function Composition of HQ Office   019

1.3.2   Function Composition of Commercial Office, Hotel, Apartment, Business and Public Facility   021

1.3.3   Distributions and Features of HQ Office Complex Functions   022

1.4   Historical Review of High—Rise HQ Office Complex Building   023

1.5   Development Trend of High—Rise HQ Office Complex Building   024

2   Site Selection and Overall Layout of High—Rise HQ Office Complex Building   026

2.1   Site Selection   026

2.2   Overall Layout   026

2.2.1   Traffic Organization   026

2.2.2   Site Planning   027

3   High—Rise HQ Office Complex Building Design   032

3.1   Design Points of Office Functional Area of High—Rise HQ Office Complex   032

3.2   Podium Design of High—Rise HQ Office Complex   033

3.2.1   Space Organization of Podium with Office as Key Function   035

3.2.2   Space Organization of Podium with Business as Key Function   035

3.3   Tower Building Design of High—Rise HQ Office Complex   037

3.3.1   Standard Floor Layout Design of Office Function of Tower Building   038

3.3.2　Vertical Zoning and Zone Conversion of Tower Building　039

3.3.3　Core Tube of Tower Building　039

3.3.4　Elevator Design and Case Analysis　041

3.3.5　Refuge Floor, Equipment Floor and Structural Strengthened Floor　045

3.3.6　Top of Tower Building　045

3.4　Basement Design　046

3.4.1　Underground Commercial Space　046

3.4.2　Underground Parking　048

3.4.3　Equipment Support Room　048

3.5　Shapes and Colors of High—Rise HQ Office Complex　049

3.5.1　Form Analysis and Shape Creation of High—Rise Tower Building　049

3.5.2　Form Analysis and Shape Creation of Podium　053

3.5.3　Organic Combination of Tower Building and Podium Forms　054

3.5.4　Colors of High—Rise HQ Office Complex　055

4　Case Analysis of High—Rise HQ Office Complex Building Design　056

4.1　Project Case Analysis and Summary　056

4.2　High—Rise HQ Office Complex Projects　057

4.2.1　Infinitus Plaza, Guangzhou　058

4.2.2　Tiande Plaza　062

4.2.3　City Crossing, Shenzhen (Phase 1)　066

4.2.4　China Merchants Tower, Shenzhen　070

4.2.5　Guangzhou Media Center　074

4.2.6　G.T. Land Winter Plaza　078

4.2.7　Greenland Financial Center　082

4.2.8　China Southern Airlines Building　086

4.2.9　Intercity Center　090

4.2.10   Nanhai Yiku Dream Workshop Building   094

4.2.11   China Resources Qianhai Center   098

4.2.12   Huahai Financial Creation Center   102

4.2.13   Qianhai Horoy Center, Shenzhen   106

4.2.14   Information Building, Dongguan   110

4.2.15   Huace International Plaza   114

4.2.16   Poly Business Center   118

4.2.17   Zongde Service Center   122

4.2.18   Hengqin Poly Center, Zhuhai   126

4.2.19   Hengqin Xingyi Cultural and Creative World, Zhuhai(Phase 1)   130

4.2.20   Huafa International Business Center   134

4.2.21   Vanbo Plaza, Baoding   138

4.2.22   Xishan Wanda Plaza, Kunming   142

5   Interior Design of High-Rise HQ Office Complex Building   146

5.1   Introduction to Interior Design of High-Rise HQ Office Complex Building   146

5.2   Interior Design of Public Space of High-Rise HQ Office Complex   151

5.2.1   HQ Office Lobby and Elevator Hall on the First Floor   151

5.2.2   Atrium   152

5.2.3   Commercial Space   154

5.3   Interior Design of Office Space of High-Rise HQ Office Complex   156

5.3.1   Hall, Front Desk, Reception Space, Public Corridor   156

5.3.2   Exhibition Center   158

5.3.3   Conference Center and Training Center   160

5.3.4   Office Area on the Top Floor   160

5.3.5   Office on the Standard Floor   162

5.3.6   Staff Canteen, Leisure Space   162

5.4 Interior Design Principle of High—Rise HQ Office Complex 164

5.4.1 Interior Color Principle of High—Rise HQ Office Complex 164

5.4.2 Interior Modeling Principle of High—Rise HQ Office Complex 165

5.4.3 Interior Material Principle of High—Rise HQ Office Complex 166

5.4.4 Psychological Environment Principle of High—Rise HQ Office Complex 167

6 Overview on High—rise Commercial HOPSCA 168

6.1 Case Analysis and Summary of Interior Design Projects 168

6.2 Interior Design Projects of High—Rise HQ Office Complex 169

6.2.1 Infinitus Plaza, Guangzhou 170

6.2.2 GMCC HQ Building (Guangdong GoTone Building) 174

6.2.3 China Southern Airlines Building 178

6.2.4 China Life Tower 182

6.2.5 Pazhou Exhibition Building, Guangzhou 186

6.2.6 CHJ HQ Building 190

6.2.7 Intercontinental Shipping Building, Hengqin, Zhuhai 194

6.2.8 GDRC Data Center 198

6.2.9 Jiechuang Nexwise Intelligence HQ and R&D Base 202

6.2.10 Guangzhou Media Center 206

7 Green Building Design Technology of High—Rise HQ Office Complex 210

7.1 Green Building Design Technology 210

7.2 Pre—Evaluation of Green Building Design 214

7.3 Pre—Evaluation Projects of Green Building Design 214

7.4 Post—Evaluation of Green Building Performance 222

Reference 223

1 高层总部办公综合体概论

Introduction to High-Rise HQ Office Complex

1.1 高层总部办公综合体定义

Definition of High-Rise HQ Office Complex

以企业集团总部办公为主，融商业、酒店、公寓、公共设施等多项功能为一体，由高层塔楼和裙房所组成或无塔楼的大型高层建筑（建筑主体的高度＞24m）组成的城市高层办公建筑。

1.2 高层总部办公综合体建筑类型及特征

Types and Features of High-Rise HQ Office Complex Building

1.2.1 建筑类型

Building Types

1）业态组合

功能复杂的高层总部办公综合体，其业态组合是根据综合体的不同开发策略，以总部办公为核心功能，结合商业办公、商业、酒店、公寓等不同功能，形成了不同的组合类型。

高层总部办公综合体的组合类型有：总部办公＋商业办公；总部办公＋商业办公＋商业；总部办公＋酒店＋商业；总部办公＋公寓＋商业；总部办公＋酒店＋公寓＋商业。

2）建筑外部形态组合

从综合体建筑外部形态组成分析，建筑类型可分为三类。第一类是无塔楼大型高层建筑（建筑主体的高度＞24m）；第二类是无裙房高层塔楼（单栋高层塔楼、多栋高层塔楼）；第三类是高层塔楼＋裙房（一栋高层塔楼＋裙房、多栋高层塔楼＋裙房）。

第一类的例子是珠海横琴保利中心，第二类的例子是深圳招商局广场大厦，第三类的例子是佛山禅城绿地金融中心。

珠海横琴保利中心

佛山禅城绿地金融中心

深圳招商局广场大厦

1.2.2 建筑特征
Building Features

作为高层城市综合体建筑的一种类型，高层总部办公综合体有以下建筑特征：

（1）一般坐落于城市 CBD 核心区，交通便利，有良好的城市道路和公共交通工具（如地铁）的支撑。

（2）建筑具有良好的外部形象，能表现出企业的文化内涵，传播企业品牌，成为城市的形象标志。

（3）建筑与城市的开放空间、主要广场、步行街、公园等公共活动场所相结合，使高层总部办公综合体与城市融为一体。

（4）建筑高度和建筑密度均很高，形成了高密度、集约性的发展模式，以适应企业商业竞争和可持续发展的需求。

（5）有相对独立的办公场所和环境，能够满足企业总部办公功能的复杂需求，有针对性、特殊性的办公空间较多。

（6）高层总部办公综合体与其他类型的高层城市综合体建筑一样，内部具有一定数量的城市公共空间，这些公共空间为城市公众服务，并能够产生收益。

1.3 高层总部办公综合体功能构成
Function Composition of High-Rise HQ Office Complex

1.3.1 总部办公功能构成
Function Composition of HQ Office

企业本身的性质、规模决定了总部办公的功能构成。不同性质企业的功能构成有明显的共性，同时也呈现出很强的差异性，总体上可分为公共功能用房、核心功能用房和辅助功能用房三种功能板块。

1）公共功能用房

现代企业需要向外展示自身的形象，公共功能用房是展示自身形象的媒介，主要包括展示功能区和对外交流区，还包括门厅大堂等空间。

展示功能区是展示企业形象的重要空间，包括公共大堂、产品陈列室、图片展示空间及多媒体设施和企业纪念品商店。企业通过设置展示功能区的各个功能用房，在企业参与的社会公益活动、企业生产的产品、企业发展历史的回顾和企业实力构成等方面，展示企业的理念、服务宗旨、社会责任和发展方向，体现企业的形象。

对外交流区由咖啡厅、接待室、会议室、餐厅和服务于客户的办公室组成，一般靠近企业主要出入口布置。企业通过对外交流区的空间，建立起与客户联系和交流的场所，起到企业与社会的交流互动、接收社会的信息反馈、展示企业形象的作用。

2）核心功能用房

办公建筑的主要功能用房是核心功能用房，它是企业人员主要的办公场所。总部办公人员由多种不同职能的人员组成，不同职能人员有不同的办公用房。

核心功能用房一般分为决策层办公区、部门办公区、行政财务办公区三大区域。

决策层办公区是总部办公建筑中最重要的办公场所，包括企业董事会议室、董事办公区、CEO办公区、秘书办公区、专用餐厅和卫生间、休息室等。一般将决策层办公区布置在总部办公建筑中最重要的位置，拥有良好的朝向和景观，配备优质的设备。同时，应具备便捷的内部和外部的交通流线，如从底层直接到达决策层办公区的电梯设施等。

礼仪性和私密性是决策层办公区建筑空间组织的两大特点，可利用过渡的建筑空间或前置的秘书办公室联系公共空间与决策层领导的办公室，以达到礼仪性和私密性的目的。

企业性质与企业架构决定了部门办公区的办公模式，按部门办公的独立性和复杂性程度不同分为独立型办公模式、程序型办公模式、小组型办公模式、复合协作型办公模式四种类型。

作为总部各部门日常工作的办公区域，建筑空间需满足各部门的办公和部门内部相互交流的需求。根据不同的办公模式，有不同的形式的办公用房，分为各部门的办公区、部门交流区、各部门会议室及服务用房等。

行政财务办公区包括人力资源部、财务部、采购部、法律部、公关部等，一般位于总部办公建筑中比较重要的楼层。作为总部的行政管理和财务管理的核心区，既要考虑其私密性，又要考虑其对外接待、交流的开放性。

3）辅助功能用房

总部办公的辅助功能用房是为员工提供能力培训及生活服务的配套用房。企业为员工提供能力培训及生活服务的具体需求包括企业培训功能、餐饮功能、员工活动功能以及其他辅助功能。

辅助功能用房分为企业培训区、餐饮功能区和员工活动区三大部分。企业培训区有大型会议室、培训中心、员工休息室等空间，餐饮功能区有咖啡厅、自助餐厅和员工自用小厨房，而员工活动区则根据规模设有健身房、乒乓球房、球类场馆、游泳池，配套更衣室、淋浴房等。

1.3.2 商业办公、酒店、公寓、商业、公共设施功能构成

Function Composition of Commercial Office, Hotel, Apartment, Business and Public Facility

除了高层总部办公综合体的总部办公核心功能构成外，还有商业办公、酒店、公寓、商业、公共设施等其他功能构成。

1）商业办公功能构成

商业办公是高层总部办公综合体中，以获取商业和经济利益为目标，以出租或出售为经营方式的办公建筑类型的功能板块。该功能板块通常可分为办公用房、公共服务用房、设备及物业管理用房。商业办公的等级可划分为超甲级、甲级、乙级、丙级四个档次。

办公用房既包括功能单一的办公室，也包括服务于自身的会议室、接待室及其他服务用房。

公共服务用房为办公用户群体提供服务，包括商务接待、会议、公共交通、停车设施、生活服务的商业设施。

设备及物业管理用房包括确保该功能板块日常运行的各类设备用房和管理用房。

2）酒店功能构成

在高层总部办公综合体中，酒店一般作为重要的配套功能。酒店是一个完整和复杂的系统工程，其功能构成可分为酒店客房系统、后勤管理系统和公共服务用房系统，还有相关的设备用房系统等。

酒店客房是为客人提供住宿服务的空间。标准的酒店客房由一个居住房间和一个卫生间组成，一个标准的客房单元的面积通常在 24 ~ 32m² 之间。酒店客房系统中还有服务员用房和布草间等后勤空间，为客人提供服务。

根据酒店的星级标准，酒店公共服务系统的使用空间不尽相同，一般布置有接待大厅、餐厅及酒吧、俱乐部、健身中心、多功能厅等功能用房。

后勤管理系统用房是为酒店提供后勤服务的空间和酒店工作人员的办公场所，如总服务台及办公室、厨房、洗衣房、休息室、茶水间等。

3）公寓功能构成

在高层总部办公综合体中，公寓是一种商业或地产投资中的居住形式，为办公及酒店提供完善的居住配套和良好的商务服务，每层楼内由若干个公寓套房和公共的走廊组成，套房内生活设备齐全，有卧室、起居室、客厅、餐厅、厨房、卫生间等使用空间。

公寓具有公共建筑和住宅建筑的双重属性，一般分为普通公寓、酒店公寓和商务公寓三种类型。在空间形式上，有平层和复式两种类型。

"SOHO"公寓是商务公寓的一种类型，其空间格局多为复式，套内设有商务办公空间和居住空间，使办公居住一体化，可提供不同单元面积组合套型供选择。

4）商业功能构成

高层总部办公综合体的商业功能板块虽然有不同的商业业态，但总体上可分为两大类功能用房：营业功能用房和辅助功能用房。

营业功能用房是指提供给顾客使用，进行有目的的消费活动的场所，如购物的商场、餐饮的餐厅、娱乐的观映厅等。

辅助功能用房包括管理用房、生活用房、设备用房、仓储用房等供内部工作人员使用、放置设备以及储物的空间。

5）公共设施功能构成

为满足城市使用需求，在高层总部办公综合体内设置的承担城市社会性服务的公共设施功能空间，如社区服务机构的用房、区域机电设备房等。

1.3.3　总部办公综合体功能板块分布及特点
Distributions and Features of HQ Office Complex Functions

总部办公功能板块是综合体的核心功能板块，通常位于高层塔楼的主要楼层，需要有一定进深的楼层面积。企业总部办公功能板块呈现出楼层多、人员量大、上下班同时使用电梯等特点。

与总部办公功能板块特点相近的商业办公功能板块，位于高层塔楼的标准楼层，常与总部办公功能板块毗邻。

不同业态的商业功能板块，其建筑柱网尺寸大，所需建筑面积大，多布置在综合体的裙房部分或塔楼底部，也可以利用综合体的地下空间，便于直接对外经营，以发挥最大的商业价值。

酒店功能板块的功能空间较多，其中的客房部分布置在塔楼标准层的高区，所需楼层的进深尺寸较小，楼层人员密度不高，电梯数量需求少于办公楼层。

通常在综合体的裙房或塔楼下部布置酒店功能板块的其他公共对外服务功能空间，如酒店门厅、接待服务等公共设施。

由于公寓一般用于出售，在综合体中，通常单独设置塔楼布置公寓板块功能。如塔楼同时有酒店及其他功能，则一般将塔楼高区的最佳位置留给公寓层。

酒店式公寓具有酒店同样的管理模式，其楼层与酒店的客房楼层联系会更加紧密，通常在塔楼中毗邻酒店楼层布置。

会议展览中心是大型总部办公综合体一个重要的功能板块，一般位于综合体裙房的顶层或地下一层，以便于对内、对外灵活经营，提高其大量后勤服务的效率。该功能板块需要较大的建筑面积，人流量大，多功能会议室需要高大无柱的建筑空间。

1.4 高层总部办公综合体建筑的历史回顾

Historical Review of High-Rise HQ Office Complex Building

作为现代办公建筑的一种重要的建筑类型，高层总部办公综合体建筑依循着三条路径不断发展，一是办公建筑自身的发展路径，二是高层建筑的发展路径，三是城市综合体建筑的发展路径。

办公业务是人们从事生产经营与管理的活动，办公建筑是为这些活动提供所需场所的建筑空间，它的形成和发展与人们从事生产经营与管理活动密切相关。

随着现代网络信息技术的发展，改变了人们的生产经营与管理活动，办公建筑也随之产生了巨大的变化。总部办公建筑从农业社会雏形到工业社会的建立，再到现代智能化办公建筑的发展，极大地影响了高层总部办公综合体建筑的变化和发展。

基于人口增长迅猛、土地资源短缺、商业竞争和城市化进程等多种因素，高层建筑应运而生，至今已有150年的历史。规划、结构、材料、美学等技术领域的发展，使现代的高层建筑越来越高。

高层办公建筑是高层建筑最主要的类型之一，自19世纪诞生以来，随着社会、经济和技术的进步，在世界各地被大量建设，其技术、功能和造型都取得了飞速的发展以及令人瞩目的成就。高层办公建筑如今已是我们在城市之中最为常见的建筑类型。

20世纪70年代，随着旧城改造的进程，欧美一些城市相继出现了小规模的购物中心，人们发现这些购物中心具有高效率和综合化的特点。自此，城市商业综合体建筑在欧美及中国香港等地的建设开始并迅速发展起来。

城市商业综合体是一种综合型的地产，它是由很多形态组成的建筑类型，体量非常庞大，功能非常复杂。

作为世界科技革命的产物和市场经济发展的结果，经济全球化已作为一种客观的历史潮流，不会以人的意志为转移。世界经济结构、产业结构的调整，增强了国家之间、地区之间的关联度和依存度，总部经济由此产生。

以独特的建筑形态，复合型的商务商业功能的现代高层总部办公综合体建筑，是总部经济背景下的建筑形式，成为城市现代化、国际化的标志。

全方位的城市化建设进程和信息革命的冲击，产生了现代高层总部办公综合体建筑发展的历史契机。随着电子、生物、信息、新材料、新能源等高科技的突飞猛进，现代高层总部办公综合体建筑迅速发展。

1.5 高层总部办公综合体建筑的发展趋势

Development Trend of High-Rise HQ Office Complex Building

集约、高效和人性化是现代高层总部办公综合体建筑的核心需求，其综合性功能也日趋多样化，商业、娱乐、餐饮、文化健身设施以及体验式消费形成一体，整体规模越来越大，建筑高度越来越高，功能越来越复杂，不断强化着现代都市生活的绚丽多彩。

高层总部办公综合体建筑的发展趋势，以总部办公功能板块为核心内容，总体来说，有智能化、生态化、多功能化和高层集约化四大发展趋势，可以在以下几个方面进行探索。

1）从注重效率到注重人性

一直以来，注重效率是办公建筑设计追求的核心目标。现代建筑设计以人为本的理念深刻地影响着办公建筑的发展趋势，从满足员工的切身利益出发，不断增强办公空间中的生活服务功能，如咖啡室、女员工哺乳室、健身室等，不断提高办公环境的舒适性，以兼顾员工的生理和心理的需求，起到缓解工作压力的效果。

在可持续发展和以人为本的设计理念指导下，办公建筑人性化的公共空间和可持续设计更加受到关注。

2）空间从单一到复合

伴随着网络信息技术的不断发展，尤其是进入大数据时代，带来了人们对办公工作的理念和业务组织方式的改变，在创意型与研发型企业中，更加个性化、多样化的办公环境相继出现，建筑空间从单一到复合，从封闭到开放。灵活的办公空间和个性化的办公环境大大地激发着员工的积极性和创造性。

3）立体集成

办公建筑的功能空间组合分为竖向叠加和水平延展两种主要形式，高层总部办公综合体的建筑形式是从办公功能空间竖向叠加的形式发展而来的。

现代高层总部办公综合体建筑是办公建筑尤其是总部办公建筑、高层建筑和城市综合体建筑相互结合、协同发展的产物，它满足了现代城市在经济、社会和环境三方面对建筑的新要求，规模更大，功能更复杂，向着更加集约化的方向发展。

4）生态低碳

传统办公建筑大量的能源消耗和碳排放，给环境和使用者带来了极大的危害。现代办公空间引入生态环保意识，未来更加强调人与自然完美的融合，在空间内营造出绿色生态环境。

5）智能化

智能化办公的特征主要体现在收集信息资料的广泛性，处理信息的快速性以及产生信息的准确性等几个方面。追本溯源地探寻总部办公建筑的发展趋势，现代智能化办公建筑的快速发展应该是改变办公空间最重要的因素，未来智能化的发展将继续引领办公建筑的发展。

6）室内装修简约化、更强调地方特色

未来办公空间的室内装修更加趋向简约化，以大方、实用和简洁为主，更加强调地方特色。办公空间的设计风格更加强调与公司整体的文化背景、产品内容或产品风格相协调，以突出企业形象的整体统一。

2　高层总部办公综合体建筑选址与总体布局

Site Selection and Overall Layout of High-Rise HQ Office
Complex Building

2.1　选址

Site Selection

作为总部办公建筑的一种重要的建筑类型，高层总部办公综合体建筑选址的倾向是由它的建筑性质所决定的。城市的CBD核心区域是高层总部办公综合体建筑首选的地理位置，其次是城市规划中划定的总部办公经济开发区，再就是城市中有专业集聚性的总部园区。

决定高层总部办公综合体建筑选址倾向的重要因素很多，包括资源的集中度、交通的可达性、信息交换程度、企业相关的服务设施配套、是否有利于企业形象宣传等。

2.2　总体布局

Overall Layout

2.2.1　交通组织

Traffic Organization

1）区域交通组织

区域交通组织是项目地块上一个层面的交通组织规划。区域交通类型包括：步行交通、非机动车交通、轨道交通、机动车交通（公交车、出租车、团体大巴、货运车辆、私家车及其他社会车辆）等。

位于城市核心商务区的高层总部办公综合体，一般具有较大的开发容量，所以轨道交通、公交车应成为首选的出行方式，以减少给周边区域带来的交通压力。

应采用以公共交通和适合步行为导向的可持续发展的交通方式，合理分配周边区域主干道和次要道路的交通流量。

优化车行组织，充分利用城市的优势，结合城市地下空间的开发，在区域规划内设置地下市政车行环道并规划好地下与地上联系的车行坡道。

根据规划的具体条件采用地下、地面或架空的立体方式，设置高效的步行系统，解决区域内的公共空间、公共交通换乘等功能需求。

2）用地交通组织

高层总部办公楼综合体用地交通组织是对用地范围内的各种交通流线合理安排的一项重要设计工作。

人行交通、车行交通、非机动车交通是用地交通组织的三种交通方式，而高层总部办公楼综合体交通流线的类型则包括办公流线、酒店流线、公寓流线、商业流线、人员流线、货运流线等。

高层总部办公综合体建筑用地的交通组织，应根据用地的交通组织规划实施，其设计要点有以下几个方面：

（1）高层总部办公楼综合体项目有多种业态组合，功能复杂，需要较多的与城市道路的接驳口，用地内的机动车交通组织应与不同功能入口相对应。

（2）建筑首层主要功能区的入口应具备较强的识别性和方位感，同时确保各个功能区的入口处与地下车库出入坡道顺畅连接。

（3）场地内消防车通道应满足现行防火规范的要求，并应同时考虑设置场地内建筑消防登高作业场地。

（4）依据综合体业态组成布置主要功能区的出入口，办公、公寓、酒店、商业等功能区一般应单独设置入口空间。

（5）酒店、商业等功能区一般应设置单独的货运服务装卸区，其货运车道和场地应满足大中型车道和场地的设计要求。

（6）应按规划要求设置非机动车地下车库和地面停车场地，避免非机动车流线与机动车流线交叉。

（7）人员步行流线组织分为平面和立体两种组织方式，可由综合体业态组成的复杂程度选择。一般业态组成较简单的综合体，采用首层的平面分流组织方式，如业态组成较复杂的综合体，则采用立体组织的方式。

2.2.2 总平面设计

Site Planning

根据城市规划用地要求，现行规范要求和使用功能要求确定建筑体量。场地设计要与周边景观资源相结合，建筑和场地内的广场、绿地、水景融为一体。建筑布局应考虑周边建筑和自身的日照要求，满足现行规范的要求。

总平面设计要充分考虑场地周边的条件，合理布局，实现集约、高效的设计目标。

场地周边的条件包括人文条件和物质条件。人文条件是指场地所处的人文环境，而物质条件则应满足以下几个方面的要求：

（1）交通条件

所处场地毗邻两条或两条以上城市主要市政道路，以及公共交通站点、轨道交通站点和出租车停靠站等，交通便利，场地周边道路发达，具有便捷的公共交通网络。

（2）市政基础设施条件

市政基础设施条件完善，具有城市给水排水、电信、网络、燃气、变电站、有线电视、垃圾站等。

（3）其他设施条件

场地周边的城市配套设施有助于形成良好的城市环境，有城市公园、居住区、城市广场、公共空间、学校、医院、文体中心、体育中心等设施。

以场地周边的人文条件和物质条件为依据，高层总部办公综合体建筑的总平面设计应遵循以下要点进行：

①总体布局应融入城市规划的大格局中，与城市的文化、交通、空间无缝连接。

②前期策划时，应在城市规划的指导下，明确综合体的定位，正确选择商业的业态组合和规模，充分评估其对社会和经济方面的影响。

③从城市设计的多维度出发，运用城市设计的方法，处理好建筑高度与体型对城市轮廓线的影响，研究建筑与周边环境的关系。在总体布局中，合理布置建筑，处理好建筑与周边道路和公共交通的关系，以及场地内部交通流线。

④高层总部办公楼综合体的核心需求是集约和高效，在高效利用土地资源的同时，其内部运作的设备基础设施应做到集中设置，发挥设备的整体效用。

⑤布局中要考虑各功能区的相互之间的联系，分区明确，互不干扰，形成有机的组合，使用上有效地整合为一体。

广州白云绿地金融中心位于广州市白云新城的商业中心区域，其总平面设计是一个典型的例子。

总体布局结合用地市政交通组织规划的实际情况，合理设置了综合体裙房和塔楼的各个出入口，确保用地内各种交通流线与市政交通的顺畅衔接，同时满足了用地内建筑消防通道和高层扑救面场地的设置要求。

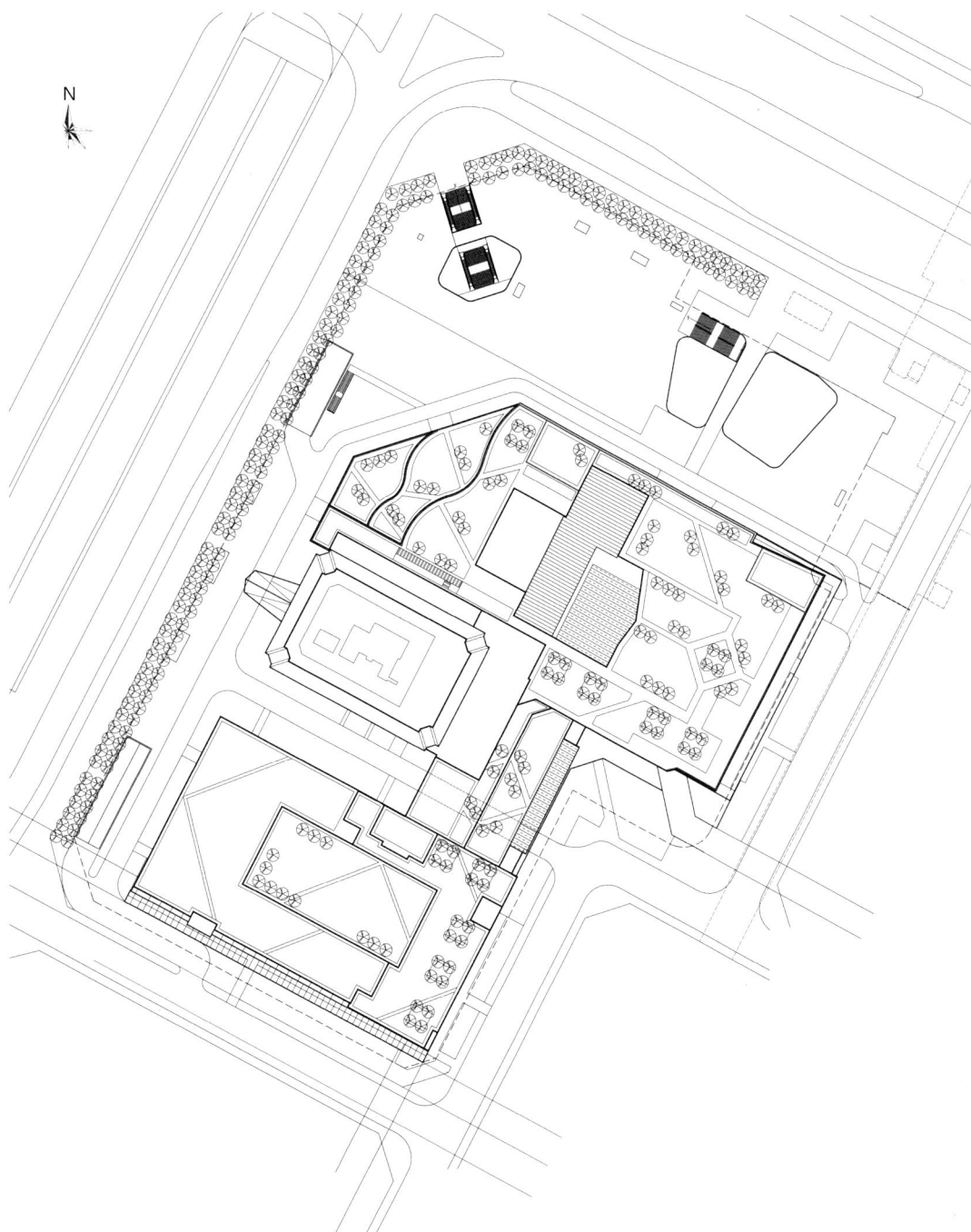

广州白云绿地金融中心总平面图

裙房和塔楼各功能区分区明确，各功能区相互之间联系便捷，交通流线清晰。裙房布置大量的商业用房和少量办公功能公共用房，以利于商场对外营业和塔楼垂直的办公区域在建筑低层的交通联系。

　　在总体造型设计方面，把高层塔楼合理布置在用地的近主干道一侧，高耸的体量和塔楼突出的位置，体现出高层塔楼在该城市区域的标志性。建筑裙房山体形状的块体设计，与近处白云山的山体相协调，同时裙房还融入原地块旧白云机场的登机平台、廊桥等建筑造型元素，反映出对历史记忆的延续。

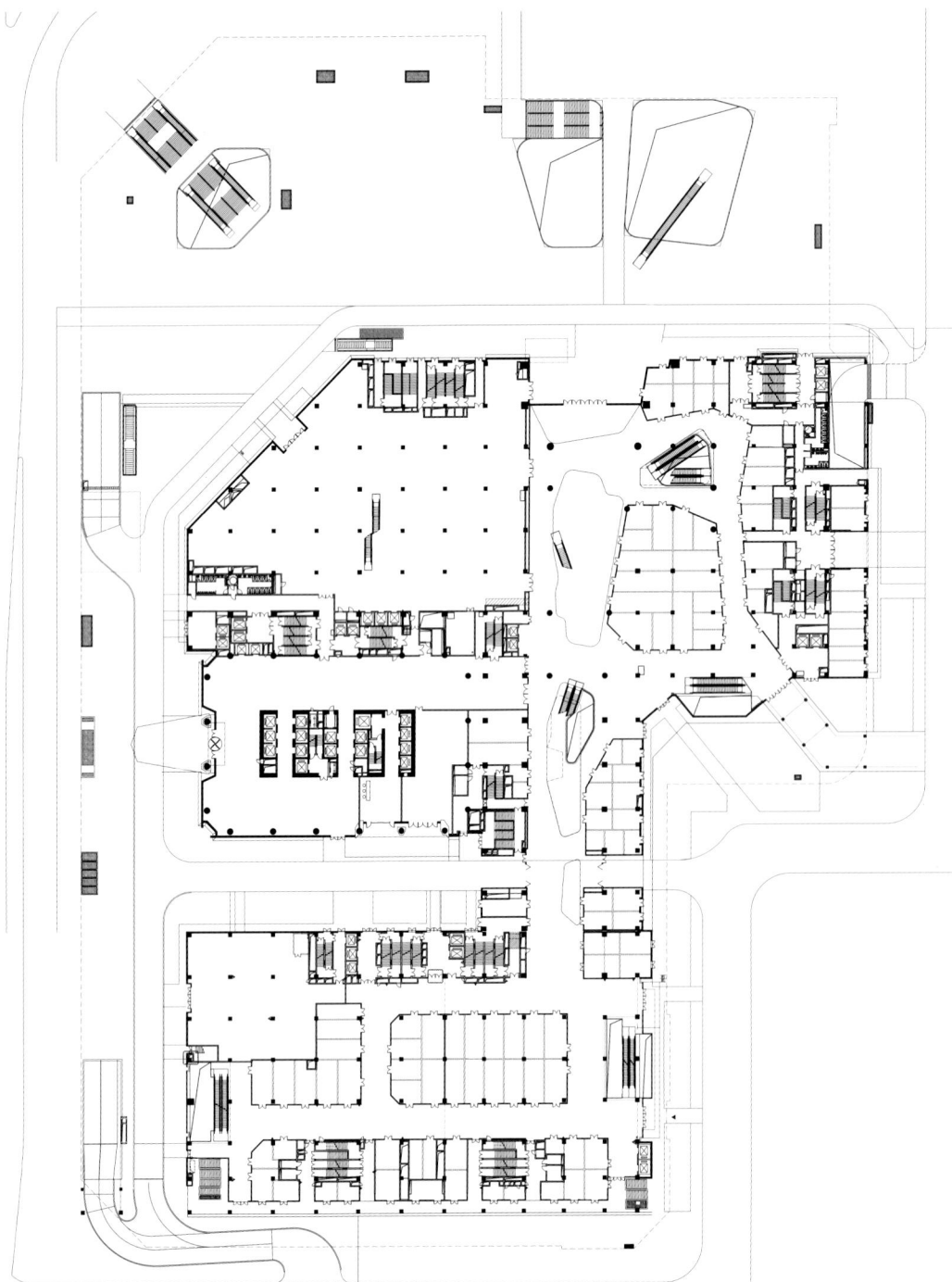

广州白云绿地金融中心首层平面图

广州白云绿地金融中心实景

3 高层总部办公综合体建筑设计
High-Rise HQ Office Complex Building Design

3.1 高层总部办公楼综合体办公功能区板块设计要点
Design Points of Office Functional Area of High-Rise HQ Office Complex

高层总部办公楼综合体以总部办公为核心功能，该办公功能区的设计目标就是提高办公的工作效率，营造符合生理与心理需求的人性化的工作场所。办公综合体具备办公建筑的基本需求，其设计要点必须与办公建筑的设计要点相吻合，归纳为以下几个方面：

1）功能布局

根据办公业务的需求确定该板块的规模、用房分类和数量。不同业务的总部办公具有不同的业务特点和工作运行方式，其功能布局和流线组织必须满足不同的业务特点和运行方式的需求。功能布局要合理控制有效办公面积与辅助面积的比例，着力提高有效办公面积的比例。现代办公的建筑空间上呈现出多样化的空间形式，可以运用单元化、模数化的设计方法，实现办公空间的灵活分隔。

2）环境营造

在强调办公工作效率的同时，结合业务特点合理安排交往场所和休息活动空间。着力提高办公环境的品质，可以通过引入外部景观和强化室内绿化的设计方法，达到缓解工作压力的效果。充分利用露天平台、上人屋面和建筑庭院，创造更多的人与自然环境亲近的场所。

3）建筑形象

高层总部办公楼综合体的建筑形象对所在城市的形象会产生很大的影响，要从城市设计的角度，考虑综合体在城市环境中的视觉效果。综合体的外部空间要与所在城市相邻的建筑外部空间相融合，协调综合体周边的城市公共空间相互之间的关系。合理设计总部办公楼综合体的建筑形象，注重体现企业文化和企业价值，表现出现代高层总部办公楼综合体建筑的时代特征。

4）生态节能

采用建筑生态节能设计技术，总体布局选择合理的建筑朝向，充分利用自然采光和通风。合理确定建筑体型系数和窗墙比，利用好建筑遮阳与构件遮阳，幕墙采用Low-E玻璃。建筑的外围护结构和屋面的隔热保温构造必须满足绿色建筑设计的要求。选择环保的可循环利用的建筑材料，减少建筑垃圾，降低对既有生态环境的破坏。

5）设施保障

为保证高峰时工作人员及时到达办公室，合理配置电梯垂直交通设施，可模拟办公建筑人员高峰时的大数据，配置高层塔楼的电梯系统及管理模式。采用先进的办公智能化设施，提高总部办公运行和管理的工作效率，使办公智能化处于领先的地位。为舒适的办公环境提供适宜的室内照明，充分设计好办公室的自然采光，采用先进的光导系统解决办公室进深大、采光难的问题。

3.2 高层总部办公综合体裙房设计
Podium Design of High-Rise HQ Office Complex

在高层总部办公综合体建筑的类型中，高层塔楼＋裙房的建筑形态是最普遍的形态。

高层总部办公综合体的裙房，一方面承担着以总部办公为核心的功能空间，另一方面又承担了城市商业功能的公共空间。根据高层总部办公综合体的性质及裙房的功能设置，可将裙房分为两类：第一类是以办公的公共空间为主导功能的裙房；第二类是以商业空间为主导功能的裙房。

位于广州市珠江新城CBD核心区的广东全球通大厦是高层总部办公综合体建筑，由一栋塔楼和裙房组成，其裙房以集团办公的公共空间为主导功能，仅在裙房设置了全球通电信业务营业厅，为城市提供社会性公共商业服务。

中国南方航空大厦位于广州市白云新城，是一栋典型的高层总部办公综合体建筑，裙房引入金融、高档餐饮等高端商业，以商业空间为主导功能。

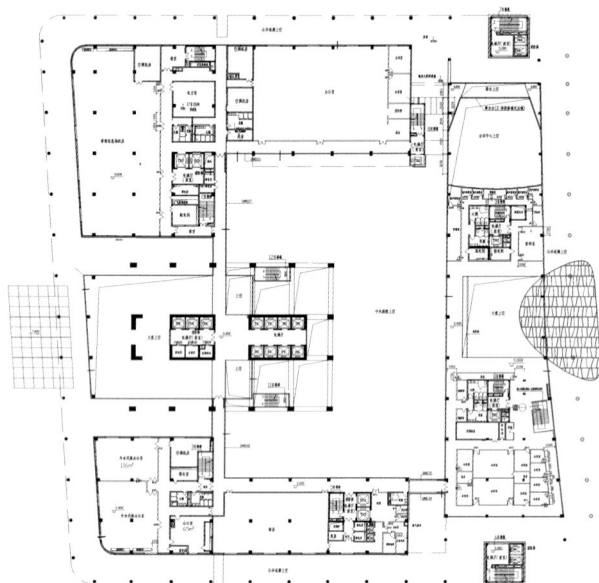

广东全球通大厦二层平面图

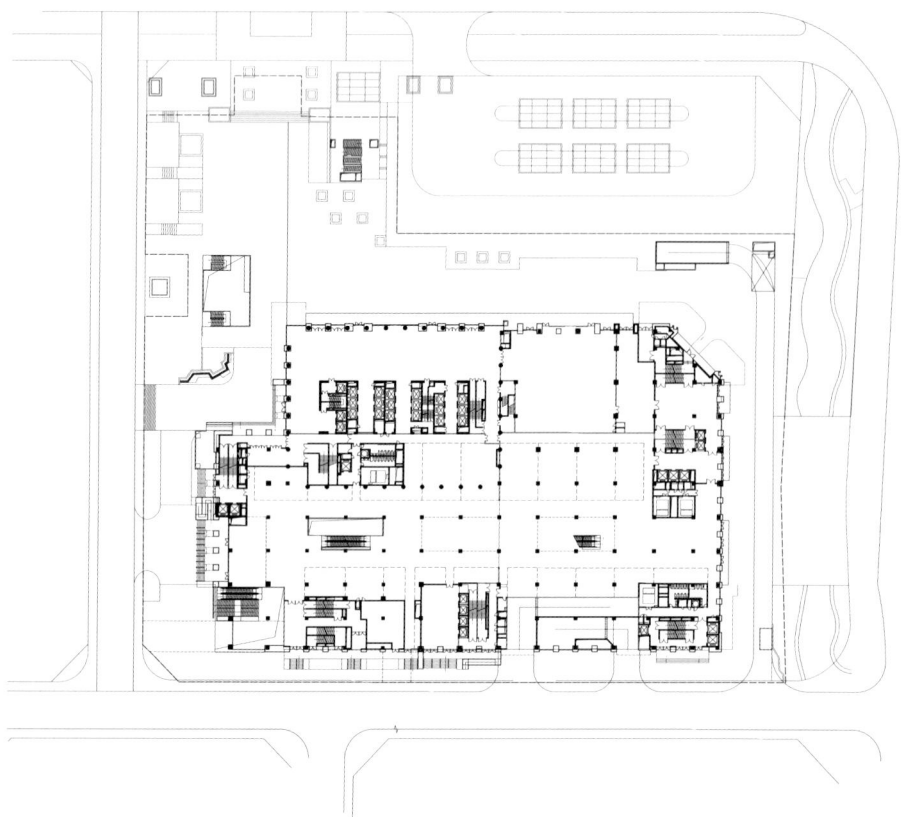

中国南方航空大厦首层平面图

3.2.1 办公为主导功能裙房的空间组织

Space Organization of Podium with Office as Key Function

以办公的公共空间为主导功能的裙房，将大量的总部办公功能的空间设置在内，特别是塔楼柱网不能承担的大跨度的空间，如大型会议室、展览中心、体育中心等。其空间组织有以下特点：

（1）总部办公主导功能的裙房呈现出很强的独特性，功能要求复杂，有针对性的特殊空间较多，注重体现企业文化和企业形象。

（2）裙房大量的空间为总部办公所使用，有独立清晰的交通流线系统。裙房办公空间的流线主要有对外服务流线、贵宾接待流线、专用业务流线、后勤服务流线等。

（3）设置少量与企业相关的商业空间，为城市提供社会性公共商业服务，一般有独立的对外出入口。

（4）强调宜人的办公环境，裙房办公配套功能空间齐全。一般分为公共功能区和辅助功能区，使用空间包括门厅、公共大堂、产品陈列室、企业纪念品商店、大型会议室、培训中心、接待室、多功能厅、展厅、餐厅、健身中心、游泳池、酒吧、俱乐部等。

3.2.2 商业为主导功能裙房的空间组织

Space Organization of Podium with Business as Key Function

1）商业空间组织

以商业空间为主导功能的裙房，通常规划为购物中心、开敞步行街、超市等。以购物中心为代表的现代综合型商业中心融入了娱乐、餐饮、健身、教育等多种功能，使商业中心变得更为丰富。

当裙房规划为购物中心时，综合体裙房除留出供总部办公的必要的空间外，其大量的空间用作商业空间，商业空间组织主要有如下四种基本模式：

（1）中庭空间组织模式

将一个大中庭空间作为整个商业动线的核心和集散点，所有的商业功能空间人流动线、店面布局都以它为中心展开。

（2）线性空间组织模式

所有的商业功能空间沿线性空间两侧布局，形成一条多层的步行街或购物廊，线性空间组织模式有一字形、L形或成角度的折线形。

（3）放射空间组织模式

空间形态以广场、中庭为中心，多条线性空间由中心向外端延伸形成放射空间组织模式。

（4）回环形空间组织模式

主干线性空间形成回环，构成循环商业动线。回环形空间可以是弧线形，也可以是直线形。

2）商场平面设计规律

商场平面设计应与业态布局产生互动，才能形成定位相对清晰的设计逻辑，商场平面设计常有以下规律：

（1）明确商场定位与业态组合，合理选择业态配比，完善品类结构，更好地满足消费需求，使商场平面设计实现项目开发利益最大化。

（2）多层布置主力店，使主力店在商场多个层面发挥作用，汇集和引导购物人流到达更多的层面，提高同层的其他商铺的商业价值。

（3）商业平面分布实行混业经营，采用混业经营与分区经营并轨的方式，使商场的经营更加灵活，并能适应快速的变化。

（4）重视商场最上层的设计，设置电影院、健身中心、溜冰场、儿童乐园、美食广场等可吸引目的性消费人流的空间，便于拉动客流，形成购物中心的人流动线。

（5）在购物中心每100m内设置动线节点，一般是每隔100m设一个多层的中庭，增加采光度和空间感，增加各楼层的界面展示，使人感受到不同高度空间的可视性。

3）柱网与层高

商业功能空间的柱网尺寸决定了商业展示空间的尺寸，影响商场的层高和停车效率。9～11m×9～11m的柱网尺寸是购物中心比较常用的选择，有利于货架的布置，同时也有利于地下车库车位的安排。

大型商业综合体建筑的层高的选择，通常有以下规律：

（1）首层层高6m，净高3.8～4.2m为宜。

（2）二层及二层以上层高5.0～5.5m，净高3.3～3.7m为宜。

（3）地下一层层高5.5～6.0m，净高3.6～3.8m为宜。

4）内部购物动线组织

购物动线组织的合理性和高效性是购物中心内部空间布局的关键环节。设计购物动线时，需要重点关注以下几点：

（1）通常在购物动线设计中强调动线系统的秩序，从而提高顾客的方位感，通过入口、门厅、中庭、节点、主通道、次通道的设计进行层层引导。

（2）店铺的均好性是衡量购物动线组织的重要指标，体现在店铺的易见性和易达性两个方面。

（3）购物中心内部的商业动线要主次分明，应突出主动线的主导性和尽量减少次动线的数量，以便顾客判别方向。

（4）提倡大量运用弧形动线，突出购物中心内部商业空间的可视性，创造出丰富视觉空间感和愉快购物体验，尽可能使店铺展示面最大化。

5）商业裙房的主题营造

近年来，购物中心的体验式业态或体验式产品的创新是注重消费者情感的全新消费模式。体验式业态与创新对综合体商业裙房有着强大的功能与作用，可以大大提高商业的集客能力，对综合体其他业态的消费有着积极的带动作用。

情景主题是体验式商业的显著特征，可分为体验式情景主题和创新式情景主题两种方式。一个具有特定主题的购物中心更容易为大众所理解和接受，其形式和内容更能反映主题的意义和内涵。

体验式情景主题可以从场所性的情景制造和地域性文化传承两个方面入手：

（1）场所性的情景制造可运用历史情景的重现、节日场景的烘托、异地风情的展示等方式，通过各种场景传达给消费者，使消费者融入其营造的主题情景中，达到商业空间更具活力和特色的目的。

（2）地域性文化传承是将城市肌理与城市文脉的传承作为现代购物中心公共空间体验性设计的重要内容，使商业空间形态成为城市空间结构的一部分，使新的商业空间与城市原有的肌理有相似的形态和历史文化的隐喻，从而诱发消费者的情感体验。

而创新式情景主题则是从创新的角度出发，以与众不同的创新模式，营造针对特色人群的特色商业空间。营造方向包括女性主题、儿童主题、3D绘画主题、社交网络主题、自然主题、艺术主题、文化主题、动物主题、海洋主题、运动主题等。

3.3 高层总部办公综合体塔楼设计
Tower Building Design of High-Rise HQ Office Complex

根据塔楼的业态组合和竖向功能分区，高层总部办公综合体的塔楼分为单一办公和多功能组合两种形式。单一办公功能形式是指塔楼的垂直叠加的标准层功能仅有办公功能，而多功能组合形式是指塔楼的垂直叠加的标准层功能有两种以上功能，除办公功能外，还有酒店或公寓的功能。

基于高层总部办公综合体的塔楼垂直分布特性，可将塔楼分为塔顶、塔身、塔底三大主要部分。

（1）塔顶位于塔体最上部，通常为高层建筑造型的重要部分，其功能可布置观光或餐厅，必要时可设置直升机停机坪。

（2）塔身是塔楼的主要部分，其主要使用功能都集中在该部分，总部办公综合体塔身的核心功能是办公功能板块。

（3）塔底与综合体的裙房相联系，共同承担综合体对外的公共接待和商业功能。

3.3.1 塔楼办公功能标准层平面设计
Standard Floor Layout Design of Office Function of Tower Building

塔楼办公功能标准层是高层总部办公综合体塔楼核心功能区。办公功能设置以满足基本办公需求为主的基础功能和以服务辅助配套为主的配套功能。

可将高层塔楼标准层平面分为使用功能区和核心筒两大部分，使用功能区又分为使用空间和辅助空间。

标准层平面设计就是按照建筑空间的组织原则有序地把空间组织起来，使塔楼标准层平面最大限度满足办公功能的需求，提高塔楼的使用效率。

1）平面布局及流线

办公室是办公功能标准层的主要活动空间，分为单间式、单元式、开放式和混合式四种基本类型。根据不同企业总部办公的适用对象、使用性质、管理方式和办公家具，选择不同的办公空间类型。

现代高层总部办公综合体的塔楼标准层平面通常采用混合式的办公空间类型，该类型办公空间是开放式和单间式组合而成的办公空间形式，适用于组织机构完整，管理层次清晰的总部办公建筑。

标准层平面布局应依据选择的总部办公空间类型合理展开，注重办公用房的分隔与办公家具布置的合理性与高效性。

2）空间尺度

（1）开间及进深

塔楼办公标准层平面的开间及进深以塔楼结构经济合理、办公空间适用、柱网对塔楼地下室停车位的影响等为主要考虑因素，一般参考进深数据宜控制在 9～15m，开间数据宜控制在 4.5～12m。

（2）层高及净高

根据办公空间的适用性和建筑设计规范的要求，塔楼办公标准层的层高宜控制在3.9～4.8m，而办公空间的净高则应根据办公建筑的等级标准确定，一般参考数据为：一类办公建筑的净高不低于 2.7m；二类办公建筑的净高不低于 2.6m；三类办公建筑的净高不低于 2.5m。

（3）标准层面积

标准层面积受高层建筑设计诸多因素的影响，如建筑高度、结构选型、标准层防火分区及使用要求等，并需兼顾考虑综合体的其他功能和塔楼办公标准层平面的有效使用系数等因素，一般参考数据为高层办公建筑的标准层面积不低于 1200m²；超高层办公建筑尤其是 250m 高度的塔楼，标准层面积宜为 2000 ～ 3000m²。

3.3.2 塔楼竖向分区与区间转换
Vertical Zoning and Zone Conversion of Tower Building

办公综合体塔楼标准层竖向分区为办公、酒店、公寓三大主要功能区，具体可分为单一办公、办公＋酒店、办公＋公寓、办公＋酒店＋公寓等类型。

在多功能组合的类型中，一般将办公区布置在塔楼下部或中部，公寓区、酒店区在中部或上部。如果考虑到公寓的商业价值，也可将公寓布置在塔楼高区。

除了塔楼竖向功能分区外，基于高层建筑自身特有的高度和层数，受到高层建筑结构体系、电梯交通统筹、消防技术及机电设备功效诸多因素的限制，需要在沿建筑竖向划分特定的区段，称作区间段。通常在区间转换段之间设置结构加强层、交通转换层、机电设备层及消防避难层等。

作为多功能集约式的塔楼竖向体系，其塔楼竖向功能区与区间转换段之间的关联应做整体筹划，使其成为有机的整体，以保证塔楼功能区所涉及的区间段的服务系统形成高效的运作模式。

塔楼的结构加强层、交通转换层、机电设备层及消防避难层可根据塔楼的高度和层数，独立设置或结合设置。

综合体塔楼竖向体系的设计要点：

（1）合理布置综合体塔楼竖向功能分区，使塔楼竖向体系中的每个功能区均得到有效的空间利用，功能区之间相互联系便捷。

（2）根据塔楼的高度和层数，合理划分竖向区间段和转换层，处理好塔楼的功能区和区间段之间的关系，以保证塔楼服务系统安全、高效运行。

（3）处理好综合体塔楼竖向体系中结构加强层、交通转换层、机电设备层及消防避难层相互之间的关系，使塔楼竖向体系成为一个有机的整体。

3.3.3 塔楼核心筒
Core Tube of Tower Building

高层塔楼核心筒和塔楼使用功能区两大部分构成了综合体塔楼标准层平面，高层总部办公综合体高层塔楼核心筒由结构构件、楼梯、电梯井道、卫生间、茶水间、储藏间、垃圾收集间、设备间和设备管道井组成。

核心筒平面形状和平面尺寸组织形式和位置直接影响标准层的使用效率和结构体系的合理性。按高层塔楼核心筒的集中程度可分为集中式和分散式两种类型，按高层塔楼核心筒在标准层的位置分布情况又可分为中心式和偏置式两种类型。

当高层塔楼形态为塔式时，塔楼核心筒多采用集中式，如佛山保利商务中心高层塔楼核心筒；当高层塔楼形态为板式时，塔楼核心筒多采用分散式，如广州名盛广场高层塔楼核心筒。

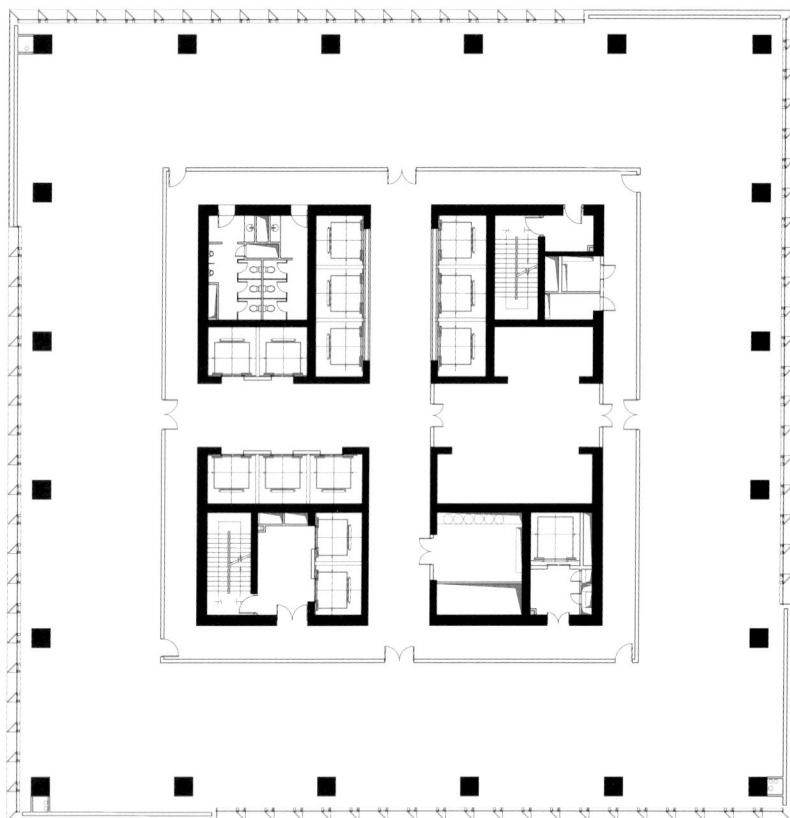

佛山保利商务中心办公楼标准层平面图

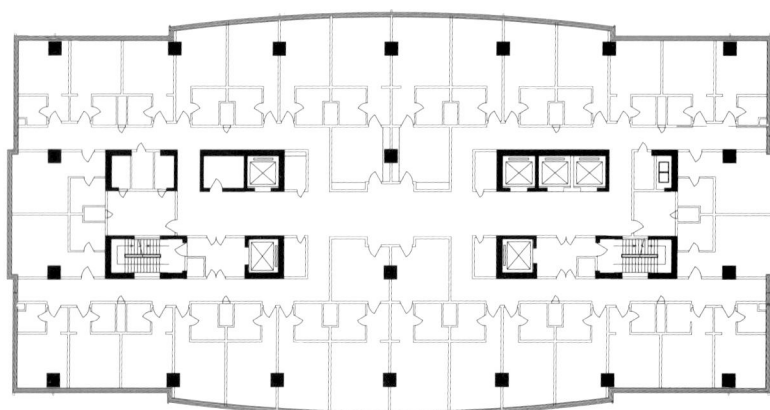

广州名盛广场标准层平面图

核心筒平面设计是整个塔楼标准层平面设计的关键点之一，其主要设计要点有以下几点：

（1）核心筒平面几何形状要与标准层平面的几何形状相匹配，使塔楼核心筒与塔楼使用功能区两大部分有机协调，获得最大的使用率。

（2）电梯的配置和布局是核心筒平面设计的关键，要根据办公需求合理确定电梯数量并设计好电梯井道和电梯厅。

（3）通常塔楼核心筒要沿塔楼竖向做转换或收缩的变化，要根据塔楼的结构体系、使用功能、垂直交通的布置方式、核心筒井道需求、塔楼外部造型等因素，做出合理的设计。

3.3.4 电梯设计和案例分析
Elevator Design and Case Analysis

1）电梯设计

综合体塔楼电梯设计内容复杂，包括确定电梯的运行模式、计算电梯所需数量、选择轿厢规格和速度，以及设计电梯的平面布局。在塔楼核心筒中，电梯的布局方式确定了核心筒的交通组织，电梯与楼梯组合在一起，形成高层塔楼核心筒的骨架结构。

电梯的运行模式分为全程服务、奇偶层停站、垂直分区、中间转换、综合运行等运行模式，应根据塔楼的高度和塔楼的垂直功能分布情况选择合适的电梯服务方式，尽量提高电梯的运行效率。

对于高层办公塔楼而言，建议10层以下的办公塔楼宜采用全程服务的电梯运行模式，10层以上或更高的塔楼可采用分区服务电梯的运行模式。电梯分区的层数可结合塔楼的设备避难层布置确定。

在进行高层办公塔楼电梯数量估算时，两个重要指标是不容忽视的：一是电梯5分钟高峰时段的运载能力；二是电梯的平均发梯间隔时间。一般高层总部办公综合体高层办公塔楼的电梯应选择高端的数值，使塔楼电梯尽量满足使用要求。

在高层总部办公综合体高层塔楼的电梯交通配置设计中，应关注以下几点：

（1）塔楼为多功能用途时，电梯交通配置应以满足总部办公的使用功能为主要的设计目标。

（2）根据高层塔楼不同的平面布局进行电梯交通配置，相同类型的电梯应尽可能集中在塔楼的一个区域内，以便乘客在同一区域内候梯。

（3）充分考虑高层竖向的空间布局，包括建筑的总高度、总层数及楼层的高度，以便确定电梯最大的提升高度和停站数目。

（4）电梯交通配置应满足各类建筑设计规范所要求的最低配置，同时应考虑电梯交通流量变化的各种不利因素，如办公空间上下班时间的高峰流量情况，尽可能做到留有余地。

核心筒中的电梯厅的建筑平面形式有凹室式和过道式两种类型，而电梯组平面排列组合形式可分为一字形、十字形、L形、Y形、三角形等。

2）案例分析

（1）工程概况

深圳招商局广场大厦，深圳蛇口片区最高的标志性总部办公综合体建筑，总建筑面积107275m²。3层裙楼为多功能会议室、餐厅、商业大厅等公共配套设施，塔楼共38层，标准层高4.46m，标准层面积1633m²，是一幢高档的智能化办公楼。

深圳招商局广场大厦实景

（2）办公塔楼电梯配置参照标准

电梯参照较高标准进行配置，如上行高峰时 5 分钟高峰处理能力 >10%～20%、发梯间隔时间 ≤ 35 秒等。

（3）办公塔楼电梯配置

根据招商局广场办公塔楼的总高度和具体使用需求，选用垂直分区的电梯运行服务方式，将塔楼垂直划分为高、中、低三个分区，一至十层为低区，十二至二十四层为中区，二十六至三十八层为高区，每个分区配置 4 台电梯运行服务，电梯垂直运行系统图表示出各台电梯的停站情况。

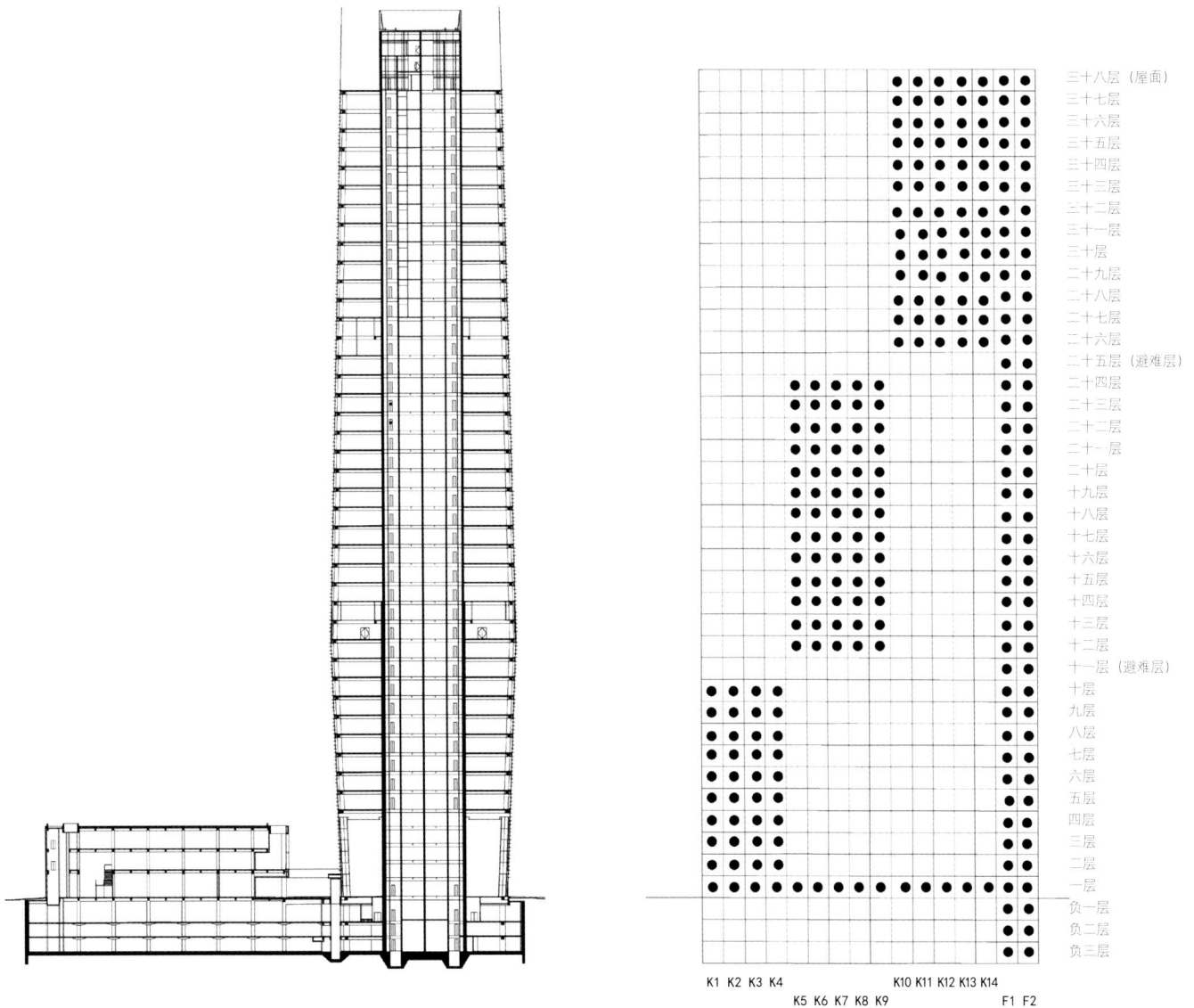

深圳招商局广场大厦塔楼剖面图

深圳招商局广场大厦电梯垂直运行图

塔楼共配置 16 台电梯，其中 14 台为客梯，2 台为客货梯。2 台客货梯同时也是塔楼的消防电梯，依据防火规范的要求，从地下负三层至塔楼顶部三十八层均停站。

16 台电梯布置在塔楼核心筒内，首层划分两个电梯厅，一个是低区电梯厅，另一个是中、高区电梯厅。各塔楼标准层设一个电梯厅，均有 4 台电梯运行服务。

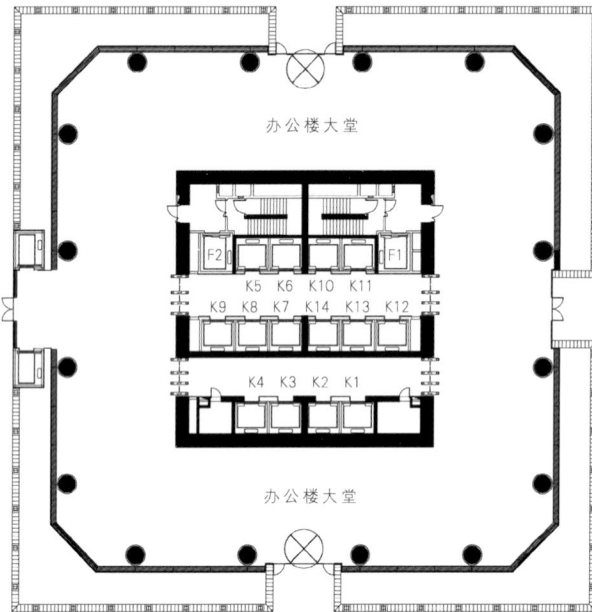

深圳招商局广场大厦首层平面图

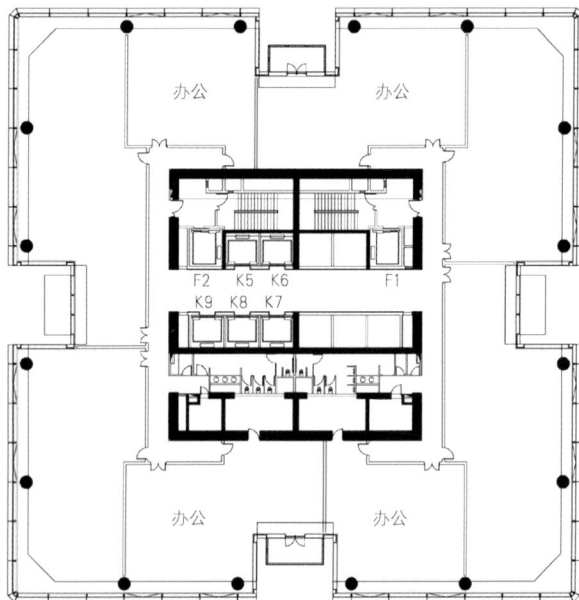

深圳招商局广场大厦低区标准层平面图

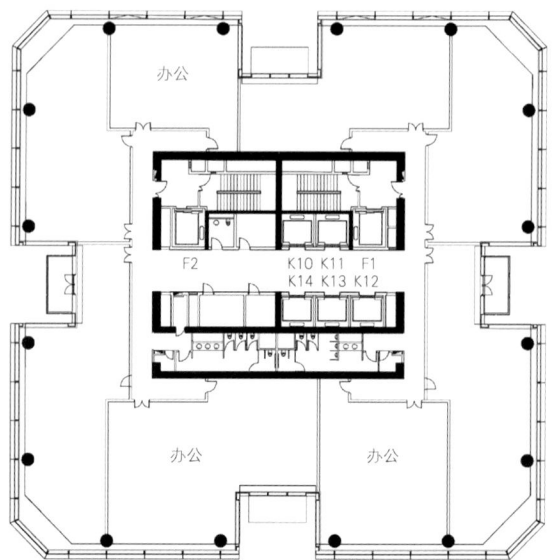

深圳招商局广场大厦中、高区标准层平面图

通过对电梯交通配置CAD施工图的分析，确定了每台电梯的载重量、轿厢容量及电梯速度，电梯信息一览表列出了招商局广场办公塔楼电梯的具体信息。

电梯信息一览表   表 3-1

序号	编号	电梯品牌	额定载重/kg	轿箱容量/人	额定速度/(m/s)	电梯功能	备注
1	K1～K4	迅达	1600	21	3.5	客梯	
2	K5～K9	迅达	1600	21	5.0	客梯	
3	K10～K14	迅达	1600	21	6.0	客梯	
4	F1、F2	迅达	2000	21	3.5	客货梯	消防梯

3.3.5 避难层、设备层和结构加强层

Refuge Floor, Equipment Floor and Structural Strengthened Floor

综合体塔楼的竖向系统除了使用功能层外，还有三个特殊的层面，分别是避难层、设备层和结构加强层。这三个特殊的层面是依据塔楼的高度而设置的。

避难层是根据现有建筑消防设计规范的有关要求设置的，超过100m的塔楼必须设置避难层。在超高层塔楼中，两个避难层之间的高度不宜大于50m。

由于综合体高层塔楼的机电设备承压能力的影响，需要在塔楼中设置设备层，安放机电转换系统。设备层的具体位置，应配合塔楼的使用功能、高度、平面形状、电梯布局、空调方式、供电方式、给水方式等因素综合考虑。

为满足高层塔楼结构要求，在超高层塔楼中需要设置结构加强层。大型结构构件的设置，会影响楼层的使用空间。塔楼结构加强层类型分为申臂坚强层和环带桁架加强层。

一般可以结合高层塔楼工程的实际情况，将避难层、设备层和结构加强层统筹设置，以达到塔楼竖向分区的完整和竖向集约的目的。

3.3.6 塔楼顶部

Top of Tower Building

塔楼顶部空间位于塔楼最上一个标准层的上部，它是综合体中整个塔楼的最高位置，其内部空间最具商业价值和使用价值，其外部造型是塔楼整体形象最具影响力的精华部分。

考虑到塔楼顶部的内部空间的价值，通常布置观光大厅、高级会所、餐厅、泳池及健身室等高档公共空间。在设计顶部的内部空间时，多采用建筑的先进技术，如旋转餐厅、无边际泳池等，以实现塔楼顶部的高价值目标。

外部造型设计应充分考虑综合体塔楼所处的城市环境、地域文化和历史传统的重要影响，重视塔楼顶部与塔体的整体协调，突出塔楼顶部的标志性和时代性，并强调企业总部办公文化的特殊性。

通常高层塔楼顶部建筑设计还要与结构设计、建筑设备设计密切结合，充分考虑塔楼

的抗震、防风、抗侧移设备、承重等因素的影响，利用结构技术的创新和合理运用，与塔顶的建筑形式有机结合起来。特别是超高层塔楼顶部设计，这一点尤为重要。

重视绿色生态技术和高科技运用，使塔楼顶部更具开放性和科技性是现代综合体塔楼顶部设计的一个亮点。可以利用造型减少风阻，利用风能发电，设置太阳能集热器、光导设备等，结合新技术创造出塔顶的独特造型。

3.4 地下室设计
Basement Design

高层总部办公综合体的地下室主要由地下商业空间、交通配套、设备配套三大部分组成，是综合体地面功能向地下空间的立体延伸与补充。

容纳购物餐饮娱乐功能的地下商业空间，受土地价值规律的驱使和建筑设计规范条件要求，具体业态与地面商业不同；地下交通配套包括城市公共交通衔接区，人行通道和地下停车场；设备配套是给水排水、强弱电、暖通空调等建筑设备设施功能区。

重要城市的高层总部办公综合体地下室设有承担城市功能的人民防空地下空间和其他功能的地下空间。

地下室的空间形态可分为地上地下对应的全地下空间，地下空间向城市拓展的半地下空间和地下空间连片开发的下沉广场。

由于建筑空间在地下，不具备地面建筑的建设条件，地下空间内部功能体系、空间形态、交通引导、建筑安全等技术问题成为地下室设计的主要因素。

综合体地下室的设计原则：一是激活地下室的商业价值，使地下空间得到充分的利用，对地下空间价值的激活依赖于有效的流线引导和合理的空间功能布局；二是要弘扬以人为本的设计理念，采取有效的设计手段，如引入自然光、营造多层的中庭空间、消除地下室空间的幽闭感等；三是需严格满足消防、人防和设备相关建筑规范的要求，以保障地下空间的使用安全。

3.4.1 地下商业空间
Underground Commercial Space

在土地集约型城市，当高层总部办公综合体的地面空间不能完全满足商业的需求时，通过开发利用地下空间，可平衡协调各功能区域。

综合体地下室负一层的商业价值介于地上二、三层之间，负二层商业价值和地上三层趋同，负三层商业价值介于四、五层之间。如何提高地下空间的可达性和空间品质，使地上、地下空间自然过渡衔接，是十分重要的。

平衡协调各功能区域的多种因素，商业地下空间的设计策略可归纳为以下几个方面：

（1）营造多个首层空间，激活各层商业价值

综合体首层的商业价值最高，营造多个首层空间无疑是首选的设计策略。通过扩大负一层与首层之间的步道及平台宽度，设置扶梯、台阶电梯等拉动竖向人流的设计，增加面向城市的商业入口，营造地下一层同为城市入口层的空间印象。

从多个维度聚拢商业人流，灵活运用商业规律，使地下、地面空间和城市空间融为一体，结合符合商业空间价值及消费心理的业态策划，可营造出多个首层空间的效果，极大地激活地下各层商业空间的商业价值。

（2）与城市交通自然衔接，增加地下空间的可达性

高层总部办公综合体的地下空间的可达性是吸引客流的重要因素，要充分利用城市公共交通的条件，在综合体设置下沉广场、中庭商业步行街，使地下空间与城市空间自然衔接过渡，增加地下空间的可达性。

（3）流线组织立体化，提高地下空间的运行效率

不同类型的地下空间功能对人群的驻留时间长短需求不同，商业功能区的流线组织以争取消费人群停留时间更长、提高铺面的商业价值为目的，而办公酒店公寓的地下功能区则需要各种人流以最快速度到达、通过和疏散，以提高地下空间的使用效率。

综合体地下空间流线类型多元复杂，流线组织立体化是满足当前和未来商业需求的商业策略，是提高地下空间的运行效率和增加空间多样性的设计手法。

对地下空间不同的功能分区、分级，在相邻功能区块之间设公共空间节点，使其作为不同类型人流的中转节点，可大大提高疏散效率。

（4）重视中庭空间，提高地下空间的趣味性

为减弱人们对地下空间的心理封闭感受，活跃地下空间的商业气氛，提高地下空间的趣味性，设置中庭空间是一种有效的设计手段。

中庭空间不只是垂直交通的载体，其功能可以复合化。现代地下商业空间多以中庭作为核心组织商业街，商家可利用中庭组织促销活动，吸引客流。

（5）利用多样化出入口形式，营造地下空间的可识别性

为营造出良好的商业气氛，综合体地下空间通常设置直接通向室外地面的出入口，因此需要强调地下空间出入口的可识别性，以大量吸引客流，淡化地下空间带给消费人群的消极心理。

出入口的形式多样，可在地面设置出入口门厅，亦可设置下沉式或半下沉式广场，形成缓冲空间，实现购物行为从地面到地下的自然过渡。

3.4.2 地下停车库

Underground Parking

高层总部办公综合体地下停车库分为小汽车停车区域和卸货停车区域。在小汽车停车区域内又细划为专供办公功能区使用的固定车位，以及供综合体商业区使用的其他车位。卸货停车区域是为综合体提供货运服务的货车卸货区域，一般设有卸货平台。

综合体地下停车库停车位的合理配置不仅关系到综合体内部的交通承载量，还影响城市交通的顺畅通行。专供办公功能区使用的车位，使用人群相对固定，车位配建指标的经验值为每100m² 1.0泊位。

1）地下停车库的交通组织

地下停车库的交通组织有层间竖向交通和层内水平交通两条通行路线。层间竖向交通用行车坡道连通，行车坡道分为单行坡道和双向坡道。层内水平交通是停车库内部的行车通道，一般为单行车道。

遵循车行流线整体单向循环与区域局部循环相结合的组织原则，为了提高停车库停车面积利用率，停车位布置时应尽量考虑单车道服务两排停车位。

依据大中型地下停车库的停车规模，地下停车库应设置两个以上的出入口。地下停车库出入口的布置，要结合综合体总体规划的交通流线和城市市政道路的条件统筹考虑。

停车库人流与综合体内部其他功能区域的联系，可通过缓冲衔接空间的扶梯、大台阶、电梯厅等便捷联系方式进行组织。

2）车库柱网与层高

车库柱网受到综合体建筑主体结构跨度限制，常选择三车位跨距柱网的停车方式，柱中距尺寸常选8.1m或8.4m。

地下停车库楼面结构厚度、设备管线的高度、车库使用净高三个要素决定了地下停车库的层高，一般小型汽车停车库的净高不得小于2200mm。

3.4.3 设备配套用房

Equipment Support Room

高层总部办公综合体的主机电设备用房一般集中设置在地下室的第二层和第三层之间，独立形成一个设备功能区。

机电设备配套用房包括：生活水箱间、中水机房、消防水池、热力站、锅炉房、制冷机房、备用发电机房、开闭站（变电所）、进风机房、排风机房等。

一般把设备配套用房设置在靠近市政管线进线方向，且最好是综合体的机电设备负荷的中心位置，这样既可满足市政管线便捷引入，又可减少输送管路的能耗。

受到大型机电设备的限制，不同机电设备的机房净高有不同的要求，其平面设计要根据机电设备的工艺流程进行布局。

3.5 高层总部办公综合体的造形与色彩
Shapes and Colors of High-Rise HQ Office Complex

受高层总部办公综合体组合功能的限制，其外部造型风格多元化，凸显出城市环境的复杂性。如前所述，高层总部办公综合体形态分为无塔楼大型高层建筑（建筑主体的高度＞24m），无裙房高层塔楼（单栋高层塔楼、多栋高层塔楼）和高层塔楼＋裙房（一栋高层塔楼＋裙房、多栋高层塔楼＋裙房）三种类型。

在高层总部办公综合体的造形设计自由创作之余，同时受到城市环境、商业利益最大化、企业标杆形象价值的影响，其造型呈现出一定的设计规律。

3.5.1 高层塔楼的形态分析与形体创造
Form Analysis and Shape Creation of High-Rise Tower Building

当下高层总部办公综合体塔楼的造型设计，从静态走向动态，呈现出自由创新、百花齐放的风格特征。高层总部办公综合体塔楼的设计原则包括以下几个方面：

（1）凸显企业文化，打造城市地标

塔楼作为整个综合体的视觉中心，成为城市的一个名片与象征，应该被打造成当地的地标性建筑，起到对城市天际线的塑造和人群的集聚的关键作用。同时，应在塔楼的造型上凸显企业文化。

（2）创造经济价值，使土地价值最大化

巧妙设计出高层塔楼体形，可以增加单位城市土地上的建筑容量，创造经济利益，使城市的价值最大化。

（3）绿色节能，降低运营成本

高层塔楼体形组合对风环境的利用、建筑立面的遮阳隔热处理、屋面的绿化设计等的有效措施，可以有效减少建筑能耗，降低建筑后期运营的成本。

（4）造型与平面功能有机结合

办公功能是塔楼平面的核心功能，塔楼的造型要与平面功能有机结合，使塔楼的外在造型反映出塔楼平面的逻辑关系。

（5）符合形式美的法则

建筑造型是城市艺术、审美需求的外在实体表现，应符合形式美的法则，要运用形式美的法则去营造塔楼造型，使其成为极具艺术性的建筑。

（6）满足高层建筑规范要求

塔楼的高耸体型属于高层建筑，只有满足高层建筑规范要求，才能创造出安全、适用、经济的建筑造型。

综合体塔楼形体的创作手法，可以从塔楼体量、塔楼表面肌理、生态节能等方面进行研究。

（1）塔楼体量

塔楼体量的几何处理是综合体塔楼形体创作最重要的部分，设计方法包括体量叠加、体量悬挑和体量复合三个方面。

①塔楼体量叠加手法包括错位叠加和旋转叠加两类：错位叠加是建筑功能和空间借助体量实现在 X 轴和 Y 轴上的错位位移；旋转叠加是建筑功能和空间借助体量实现 X 轴、Y 轴围绕某以垂直中心轴或近似中心轴的旋转。

②体量悬挑是建筑功能和空间借助建筑体量脱离地面层在空中从主体建筑出挑而获得额外空间的手法，在建筑形态上主要表现为体量的出挑。

③母体重复、化整为零和化零为整是体量复合手法的体量处理策略。母体重复可体现建筑的个性和统一性，塔楼的体量与体量之间采用母体重复，可创造出一系列富有韵律和秩序感的建筑塔楼群；而化整为零或化零为整都是强调塔楼体量与体量之间的密切关系，弱化单体的边界，使塔楼组群强调整体秩序和统一的同时，又体现出个体塔楼的特殊性。

（2）塔楼表面肌理

当塔楼的主体体量确定以后，塔楼表面肌理是在塔楼的主体体量基础之上的建筑表皮设计。表皮设计不仅是一个立面，还是有厚度、有多个层次的城市界面，以重复的单元的微小变异，起着支撑围护交流的作用。

塔楼表面肌理有多种表达形式，可将表面肌理抽象为基本的点—线—面等几何图形。

点的具体形态主要表现为门窗、洞口、阳台、点状饰物等，点状的排列方式直接影响建筑整体的造型效果。

线的具体形态主要表现为装饰线、分割线等，明确的线条划分给人以尺度分明的秩序感和韵律感。

面的具体形态主要表现为玻璃幕墙或与其他材质组合的幕墙、遮阳板面、窗或实墙面等要素的组合。

建筑结构构架外露所形成的表面造型是塔楼表面肌理的一种特殊表现形式。

（3）生态节能

建筑的生态节能理念，对塔楼形体的创造产生了重要的影响。塔楼的体量和立面处理可有效减少建筑能耗，通过对综合体塔楼形体的热环境、风环境、光环境的分析，可以优化塔楼的体形系数，减少塔楼体量的表面积，从而减少建筑与外界的热交换。

随着建筑生态节能设计的不断进步，双层呼吸式幕墙、建筑遮阳设施、建筑一体化的太阳能光伏板、立体生态绿化等生态节能的创作手法得到广泛的应用。

华南国际港航服务中心位于广州黄埔中心区的 CBD 核心区，造型理念以体现港口意象及港航企业形象为基本的出发点，高耸塔楼的设计概念以灯塔的意象为基础，切合项目在黄埔中心区所处的领航地位，从大尺度的整体形态上对这一理念进行贯彻和表达，塔楼顶部局部凹入，向江面开放，如同灯塔的顶端。夜间，主体建筑顶部光彩夺目，成为广州黄埔中心区的领航灯塔。

华南国际港航服务中心实景

位于珠江沿岸琶洲的广州赫基国际大厦是赫基集团总部办公综合体建筑，其外墙设计的灵感源于织物和服饰，体现出与赫基集团主营服装业务的联系。外墙的饰面材料为金属管，呈纵横交织状结构，金属管交织在建筑体量周围形成多层次的外皮，恰似一件包裹在优雅曲线建筑造型四周的衣服，形象逼真，强化了织物般飘逸的视觉效果，烘托出建筑的独特造型。

广州赫基国际大厦实景

　高层总部办公综合体建筑设计及室内设计研究

3.5.2 裙房的形态分析与形体创造
Form Analysis and Shape Creation of Podium

相对综合体高层塔楼，裙房承载了综合体绝大部分的商业功能，是综合体与城市环境互动的直接媒介，其造型风格的核心目标在于营造商业气氛。

除了裙房的造型与高层塔楼造型需要有机结合外，无塔楼大型高层建筑（建筑主体的高度＞24m）的造型设计，与裙房造型设计相类似。

裙房造型的设计原则，一是强调人文关怀，重视购物体验。综合体裙房的体量更为亲人，设计要更注重人的尺度感受，通过对体量的推敲，引入自然元素，增加裙房的生活气息。二是强化广告效应，可通过戏剧化的建筑尺度变化、立面广告尺度变化等造型手法，为裙房创造视觉冲击力，凸显商业价值。三是与高层塔楼造型有机结合，其造型元素与塔楼要有千丝万缕的联系，使高层塔楼和裙房成为一个整体。

商业裙房的形态主要与其类型、立面、材料、色彩、灯光等设计要素有关。综合体商业裙房形体策略包括以下几方面：

（1）体量构成

裙房的体量构成可分为单体集中式布局、多体量离散式布局、街巷式布局和组合式布局四种类型。

单体集中式布局是裙房体量构成最常见的一种类型，常将裙房商业功能集中布置于一个大型建筑体量中。

多体量离散式布局多用于较大规模的高层总部办公综合体的裙房，此类综合体往往由多个塔楼及多个裙房组合成建筑组群。

街巷式布局是将小体量的商业店铺以商业街的形式进行组织的一种类型，其商业动线为具有明确方向性的线性流线。

组合式布局是将裙房的体量构成中的单体集中式、多体量离散式、街巷式三种类型组合起来使用，常见的组合式有：集中式＋离散式、集中式＋街巷式、街巷式＋离散式等类型。

（2）造型设计

影响高层总部办公综合体裙房造型的关键因素是立面构成和立面广告的设计。

在立面构成方面，组合拼贴型立面和流动型立面是常用的设计手法。组合拼贴型立面强调购物中心缤纷多样的热闹气氛，糅合多种颜色材料图形等不同的元素，体型的堆砌感较强；而流动型立面则以流畅曲线为购物中心的主要设计元素，并结合建筑内部流畅的动线，强调裙房立面的流动性。

立面广告的设计是裙房立面设计的重要元素，起到烘托商业气氛和感染消费者情绪的作用。优秀的立面广告设计不仅优化了商业裙房造型的整体形象，还可以为商业裙房立面起到画龙点睛的作用。

（3）入口空间造型

裙房商业入口空间是展示综合体商业形象的重要部分，起到空间引导的作用。

入口空间设计应关注三个重点：一是入口空间尺度要适当加大，并在入口处设置吸引眼球造型的构筑物；二是考虑入口功能的实际需求，尽量设置雨篷和遮阳板；三是强调入口空间的可识别性，使入口空间起到空间引导的作用。

3.5.3 塔楼与裙房形态的有机结合
Organic Combination of Tower Building and Podium Forms

塔楼与裙房形态的组合模式，受到用地限制、形象营造等因素的影响，导致或合或分的形态关系，可大致分为裙塔咬合、裙塔分离、群塔一体化三种形态：

（1）裙塔咬合

裙房和塔楼相互咬合，裙房成为塔楼的基座，塔楼落于裙房体量上，营造出稳定完整的静态视觉效果。

（2）裙塔分离

综合体中裙塔分离的形态包含两种类型：

一是裙塔分离，以塔为造型主体。塔体与裙房体量分开，单栋或多栋塔楼直接落地以作为竖向构图的核心要素，强调建筑整体的视觉中心和标志物效果，使最大限度凸显塔楼高大的企业形象。

二是裙塔分离，以裙房为造型主体。当裙房的层数较多，体量较大时，可削弱塔楼体量的视觉分量，从而使裙楼成为占据视觉造型的主导因素，形成以裙房为主的格局，大大强化了裙房在综合体中的功能地位。

（3）群塔一体化

模糊塔楼与裙房的边界，使裙房和塔楼一体化，从而形成一个完整的、连续的、浑然一体的建筑体量，给人形成强有力的视觉冲击力。

3.5.4　高层总部办公综合体的色彩
Colors of High-Rise HQ Office Complex

综合体的色彩是重要的造型手段之一，适当的色彩组合，可使高层总部办公综合体建筑立面表情更加丰富。利用色彩作为造型元素，既可打造鲜明的艺术效果，又可烘托出建筑浓烈的文化气息，从而增强建筑群体的表现力。

高层总部办公综合体建筑色彩的设计可从以下几个方面着手：

一是高层总部办公综合体建筑色彩应与城市环境色彩相契合，使建筑融于城市环境之中。

二是从表达地域文化着手，通过建筑色彩烘托出建筑所处地域的文化特色。

三是体现企业的色彩特征。一个企业在发展中，形成了自身的企业色彩，可在建筑设计中利用该色彩，体现出企业的色彩特征，突显出浓郁的高层总部办公综合体建筑的企业文化。

四是符合建筑色彩设计美学的一般规律，包括：把握色彩设计的视觉平衡；强调色彩与建筑类型的关系；利用色彩对建筑功能的识别作用；合理处理色彩与建筑表面材料的关系等。

4 高层总部办公综合体建筑设计实例分析

Case Analysis of High—Rise HQ Office Complex Building Design

4.1 工程案例分析和总结

Project Case Analysis and Summary

高层总部办公综合体建筑是建筑的复杂表现形式之一，代表着现代的建筑设计水平和先进的建造技术。

通过对工程案例的分析，可以得出这样的结论：高层总部办公综合体的建筑设计必须坚持吸收企业文化，以及本地、本民族和民俗的母体文化特色；坚持突出建筑所处城市的地域特色，如岭南地域建筑的轻盈与通透；坚持建筑设计技术的时代性和先进性。通过建筑设计充分诠释企业精神、文化底蕴和发展理念，从而树立企业良好形象、提升企业创新品牌。

归纳高层总部办公综合体建筑设计的一般规律，重点有以下几个方面：

（1）企业文化是企业的灵魂，是企业实现做大做强、可持续发展的保障，同时也是企业发展的动力之源、活力之本、制胜之策。显然，将企业文化融合于建筑设计中，已经成为高层总部办公综合体建筑设计的重要环节。

（2）基于高层总部办公综合体建筑办公板块本身的特殊性，其耗能远高于一般建筑，办公板块建筑节能目标的实现，具有更大的意义。因此，在建筑设计中应特别重视建筑节能的设计。

（3）现代办公一族长时间处于紧张及充满压力的状态下，给身心健康造成了损害。如何在高层总部办公综合体建筑设计中体现人性化的关怀，一直是高层总部办公综合体建筑设计关注的重点。

（4）高端办公智能技术的广泛应用是高层总部办公综合体建筑的特点之一，建筑设计应与办公智能化技术有机结合，使办公智能化技术与建筑设计相得益彰。

（5）高层总部办公综合体建筑是办公建筑与城市商业综合体相结合的产物，尽管一个高层总部办公综合体的办公板块与商业板块的比重不尽相同，但处理好这两个功能板块之间的关系却是十分重要的。

（6）从城市环境的角度出发，高层总部办公综合体建筑的商业板块扮演着企业与城市顺畅沟通的重要角色。成功的商业运营离不开合理的业态构成、灵动的商业空间、清晰的商业动线等关键设计要素。

（7）商业价值和企业利益永远是高层总部办公综合体建筑设计的主导因素，应把这一主导因素贯穿于建筑设计的全过程。在追求高层塔楼企业总部的标志性的同时，要使高层塔楼的平面设计更加趋于理性，方正实用，分区明确，流线清晰，以较高的平面使用率获得良好的经济效益。

（8）为使企业总部高层塔楼造型具有时代性和创新性，应在外围护结构的幕墙设计中尽量采用新技术，如可呼吸的幕墙设计、隐形开启窗设计等新技术。

4.2　高层总部办公综合体实例
High-Rise HQ Office Complex Projects

本节介绍和分析了广东省建筑设计研究院有限公司近年来设计的高层总部办公综合体建筑中的 22 个工程案例，通过对这些具体工程案例的分析，总结高层总部办公综合体建筑设计的一般规律。

阅读高层总部办公综合体建筑 22 个工程案例（详见 4.2.1 ～ 4.2.22 章节），可以引导建筑设计人员去思考更多的问题和寻求解决这些问题的方法。正处在高度发展的高层总部办公综合体建筑，建筑设计不断更新迭代，其设计理念通过工程实践得到不断的充实和丰富。

4.2.1 广州无限极广场

Infinitus Plaza, Guangzhou

广州无限极广场是无限极新全球总部办公大楼，是一座集办公、研发和商业购物中心的大型综合体建筑。建筑位于广州市白云新城绿轴中轴线上，已取得绿建三星设计标识。项目总体布局设计与城市环境及企业文化高度契合，受场地地铁隧道居中切割影响，建筑设计分为东、西两座塔楼，两座塔楼中间通过大跨度空中连廊连接，结合企业的文化内核——无限极，创造出如无限符号"∞"的流线形态设计。建筑空间通过空中连廊与中央绿地的组合，场地中央形成通风廊道，形成风压，全年主导东南风在场地内畅通无阻。

项目的建筑、结构、机电、室内设计、幕墙、园林等各个专业，结合项目所在地的气候特点、企业文化、基地情况、现代曲线建筑设计理念，齐心协力并大胆地采用了新材料、新技术，综合创新。其中多项技术应用获得中国专利：《ETFE 膜采光顶蒸发冷却降温隔热装置：ZL 2021 2 1173559.6》《高低屋面阶梯型变形缝咬合构造：ZL 2021 1 0775331.2》《建筑物屋面变形缝构造：ZL 2021 2 1550224.1》《防锁死单向滑动减震铰支座：ZL 2021 1 0965588.4》《一种智慧雨水回用系统：ZL 2022 2 1999041.2》。此外，针对超大跨度复杂斜交连体结构采用大跨度连体桁架"卧拼、翻转、整体提升"的建造关键技术，设计建造全过程采用 BIM 建筑信息模型应用技术。

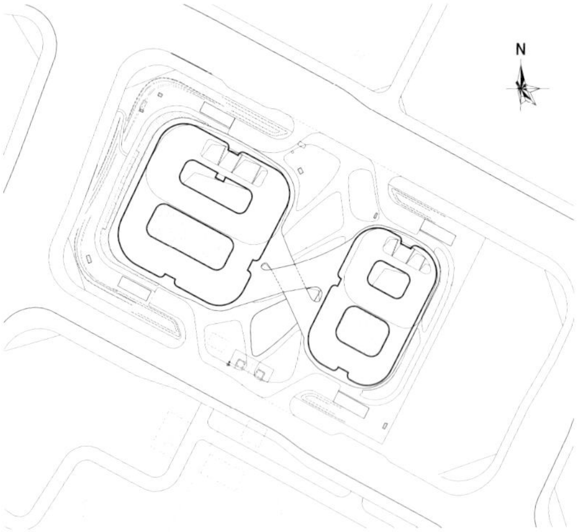

总平面图

项目名称：广州无限极广场
建设地点：广东省广州市白云新城
建设单位：广东无限极物业发展有限公司
设计单位：广东省建筑设计研究院有限公司；
扎哈・哈迪德（Zaha Hadid）建筑事务所
建筑设计：江　刚、易　芹、崔玉明、林和杉、黄子翀、
陈加鑫、李宝华、吴振耀、覃嘉宝、卢　茵
总建筑面积：185642.5m²
总建筑高度：35m
建筑层数：地上 7 层（局部 8 层），地下 2 层
结构形式：塔楼采用钢筋混凝土框架—剪力墙结构体系；
连体连廊采用钢桁架结构
曾获奖项：2022—2023 年度中国建设工程鲁班奖；
第九届"龙图杯"全国 BIM 比赛综合组一等奖；
广东省注册建筑师协会第九届广东省建筑设计奖建筑方案公建类二等奖；
广东省第十四届詹天佑故乡杯奖；
2022 重新思考未来奖（RTF Awards）一等奖；
2022 美国建筑师学会英国分会 - 优秀设计大奖
（2022 American Institute of Architects UK Chapter —Excellence in Design Award）

两座塔楼中间通过大跨度空中连廊连接

中轴鸟瞰

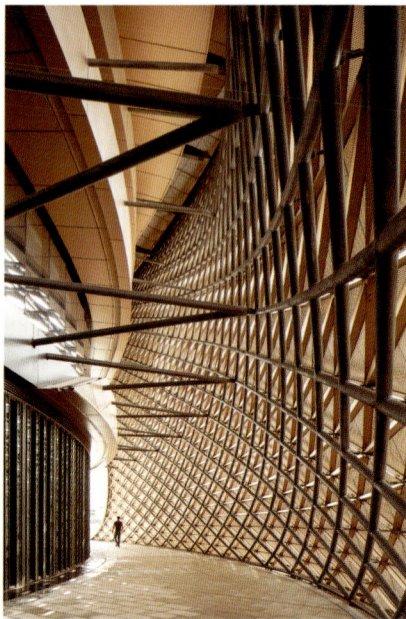

大跨度双曲面穿孔遮阳铝板风雨廊

中轴线夜景

沿街局部日景

连廊下中央广场

中央广场黄昏景

主入口夜景

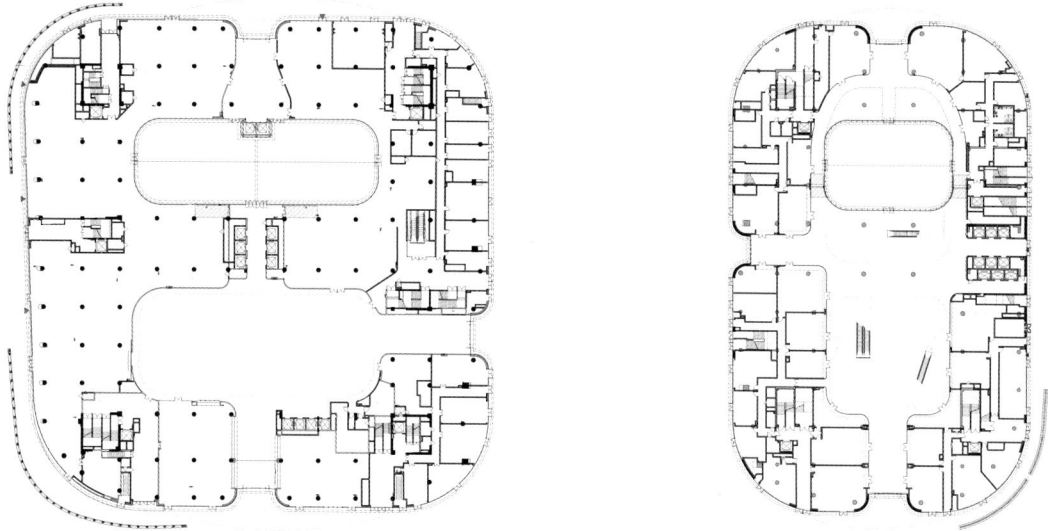

首层平面图

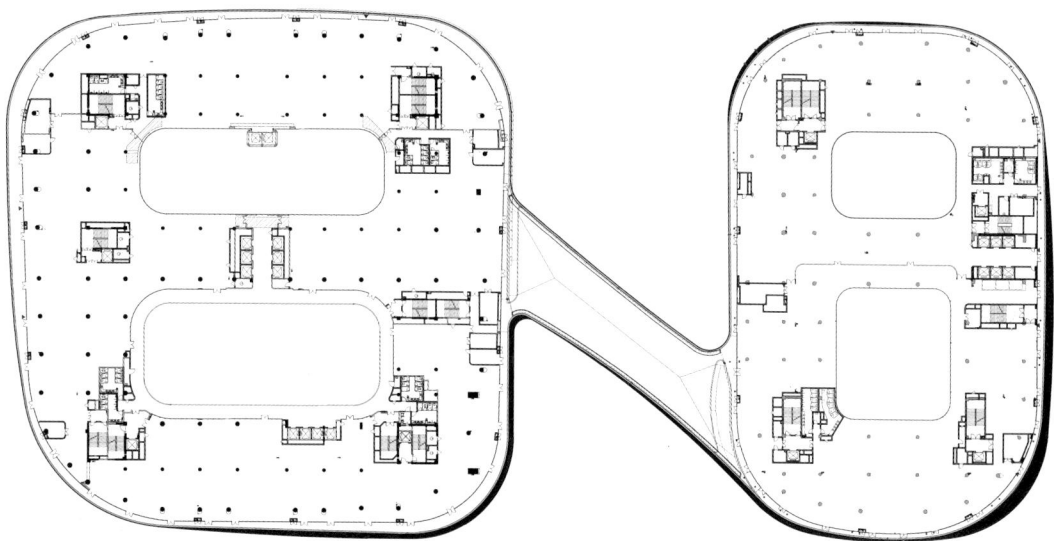

四层平面图

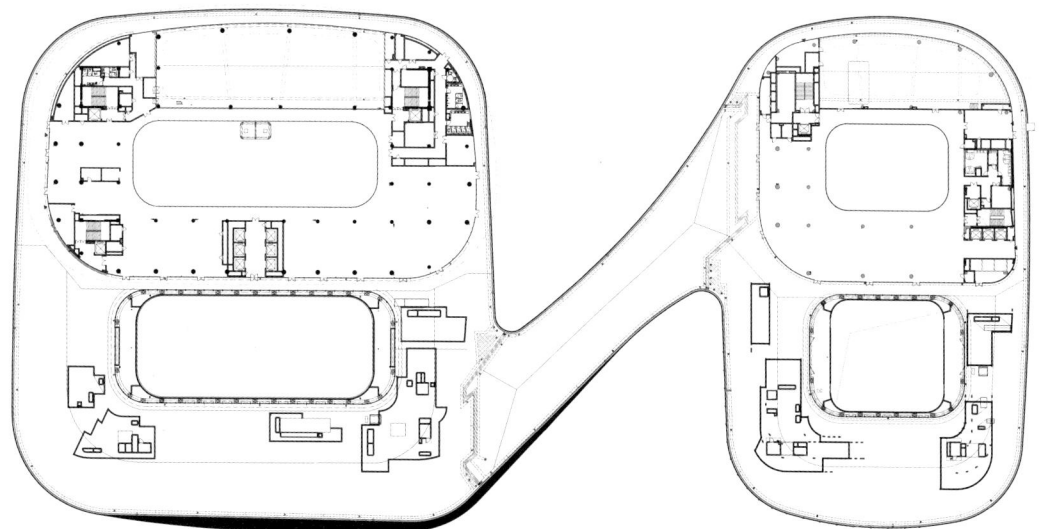

八层平面图

4.2.2　天德广场

Tiande Plaza

　　天德广场项目位于广州市珠江新城，南邻珠江，猎德涌从场地内部穿过，一河两岸景色秀美。猎德中心（现为天德广场）为大型商业综合体，天德街及猎人坊则由12栋低层独栋商业建筑组成，整体沿河涌两岸错落布置，形成具有岭南特色的风情商业街，现阶段已成为广州颇具人气的文化地标。

　　总体规划上，项目以猎德涌为纽带，延续安置区"龙舟竞发"的形态布局。城市关系上，延续滨江景观向内渗透，营造丰富空间序列；同时以猎德涌为"带状保护"，保留旧村肌理，打造一条水陆并行的风情商业街；两幢高层的建筑造型取"扬帆领航"之形，结合龙鳞图案立面肌理，创造出独特的城市地标。

总平面图

项目名称：天德广场（原名猎德中心及天德街、猎人坊
　　　　　一河两岸岭南风情街）
建设地点：广东省广州市天河区临江大道
建设单位：广州市猎德经济发展有限公司
设计单位：广东省建筑设计研究院有限公司
建筑设计：陈朝阳、许成汉、周　文、磨艺捷、胡曼莹、
　　　　　黎国径、吴佳琪、李长智、叶　楠、吴晋湘
总建筑面积：238710m²
总建筑高度：179.9m（1号塔楼），99.9m（2号塔楼）
建筑层数：地下3层，地上42层
结构形式：型钢混凝土框架—钢筋混凝土核心筒（1号
　　　　　塔楼），框架—剪力墙结构（2号塔楼）
曾获奖项：2021年度工程勘察、建筑设计行业和市政公
　　　　　用工程优秀勘察设计奖建筑设计三等奖；
　　　　　2021年度广东省优秀工程勘察设计（公共建
　　　　　筑设计）一等奖；
　　　　　2021年法国NDA设计奖建筑设计银奖；
　　　　　2021年美国IDA国际设计奖荣誉提名

塔楼日景

猎德涌两岸半鸟瞰

岭南风情街商业内景

天德街、猎人坊—河两岸岭南风情街鸟瞰

猎德涌沿岸岭南风情街商业夜景

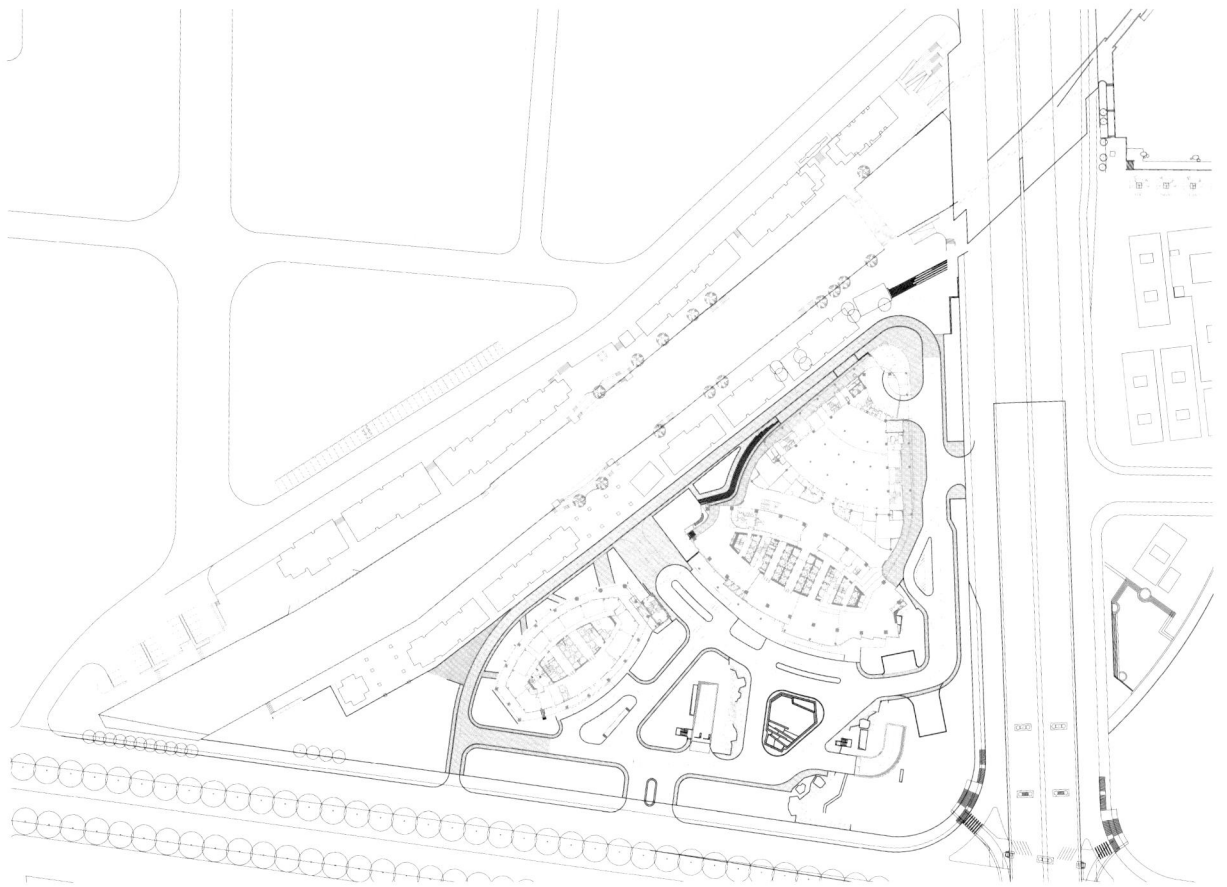

总体首层平面图

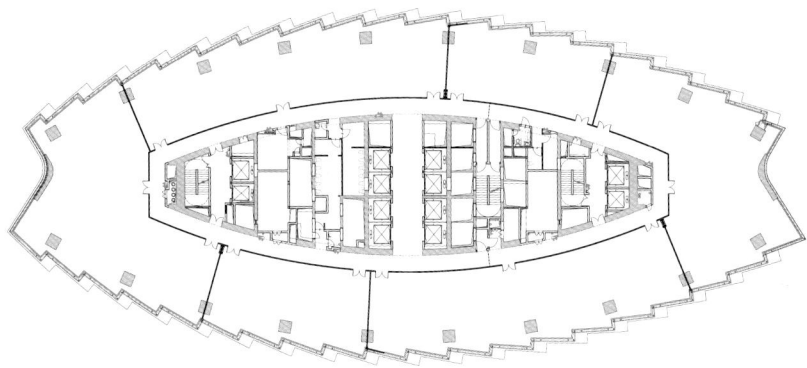

1 号塔楼标准层平面图

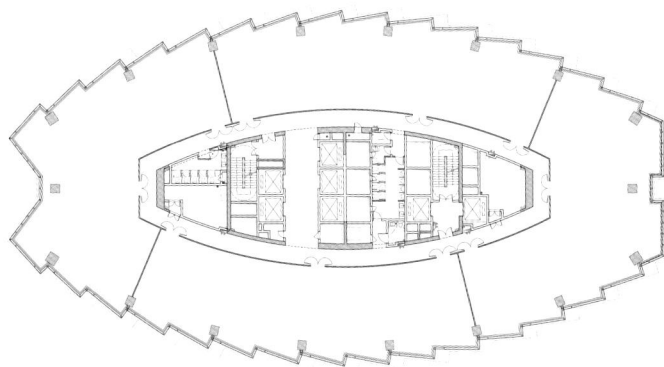

2 号塔楼标准层平面图

4.2.3 深圳华润中心（一期）

City Crossing, Shenzhen (Phase 1)

深圳华润中心（一期）是由一座国际 5A 甲级超高层写字楼"华润大厦"和一座大型室内购物中心"万象城"组成的城市综合体，位于深圳市罗湖区地王大厦南侧，地处繁华的罗湖商业圈中心地段。设计通过引入地铁通道，设置下沉广场，建筑架空通廊、过街天桥、大型室内中庭等建筑手法，妥善地解决了项目的交通组织，并使建筑融入周边的城市环境中，为广大市民和观光旅游客提供了一个良好的购物旅游、休闲娱乐的场所，被评为"全国十大新地标综合体"。

华润大厦地上为超高层写字楼，地下空间为汽车库。华润万象城地上为商业娱乐中心，地下空间为商业、汽车库，含大型真冰溜冰场、电影城、超市、百货及各种专卖店、大小餐饮等。建筑平面外轮廓尺寸为 198m×122m，单层面积超过 2 万 m²。设计以一个有天窗的半月形长条中庭，形成交通主流线，并通过穿插布置的数十部自动扶梯，将 5 层商场和地下一层商场及地下二层车库联系起来。主体结构采用钢筋混凝土框架结构。

项目采用一系列的新材料、新技术和新工艺，如单索幕墙技术、金属钛锌板屋面、双银 Low-E 中空钢化玻璃、分层钢管混凝土芯柱、RC 节点施工技术、地下室超长无缝施工技术、大跨度钢桁架、渗透结晶体防水材料、大屋面虹吸排水、办公楼变风量空调系统等。

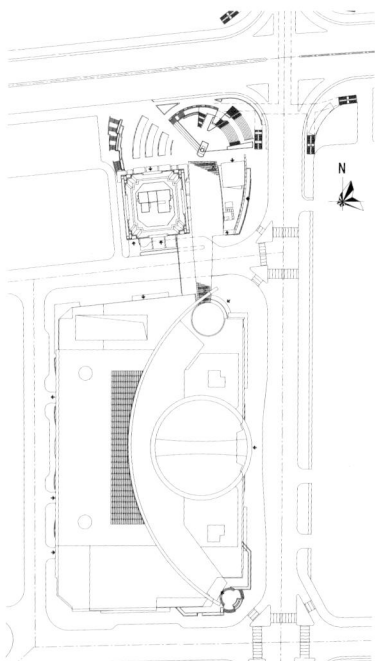

总平面图

项目名称：深圳华润中心（一期）
建设地点：广东省深圳市罗湖区深南东路与宝安南路交汇处西南角
建设单位：华润（深圳）有限公司
设计单位：广东省建筑设计研究院有限公司；
　　　　　美国楷亚锐衡（CallisonRTKL）国际有限公司
建筑设计：陈朝阳、江　刚、彭　庆、黄　毅、吴象峰、
　　　　　吴统秀、沈少跃、吴庆华、黄继铭、吴晋湘
总建筑面积：223418m²
　　　　　（中区万象城 153612.8m²，北区华润大厦 76260.3m²）
总建筑高度：中区万象城 36m，北区华润大厦 139.45m
建筑层数：中区万象城（地上 5 层，地下空间 2 层）；
　　　　　北区华润大厦（地上 29 层，地下空间 3 层）
结构形式：中区（商业裙房）为框架结构；
　　　　　北区（办公塔楼）为框架—核心筒结构
曾获奖项：2005 年全国优秀工程勘察设计二等奖；
　　　　　2005 年广东省优秀工程勘察设计一等奖；
　　　　　第四届全国优秀建筑结构设计二等奖；
　　　　　香港优质建筑大奖特别奖

沿街实景

购物中心正面鸟瞰

入口天幕

华润大厦和万象城通过过街天桥等建筑手法，妥善地解决了项目的交通组织

下沉广场入口

大型真冰溜冰场

大型半月形中庭

中庭自动扶梯

临街日景

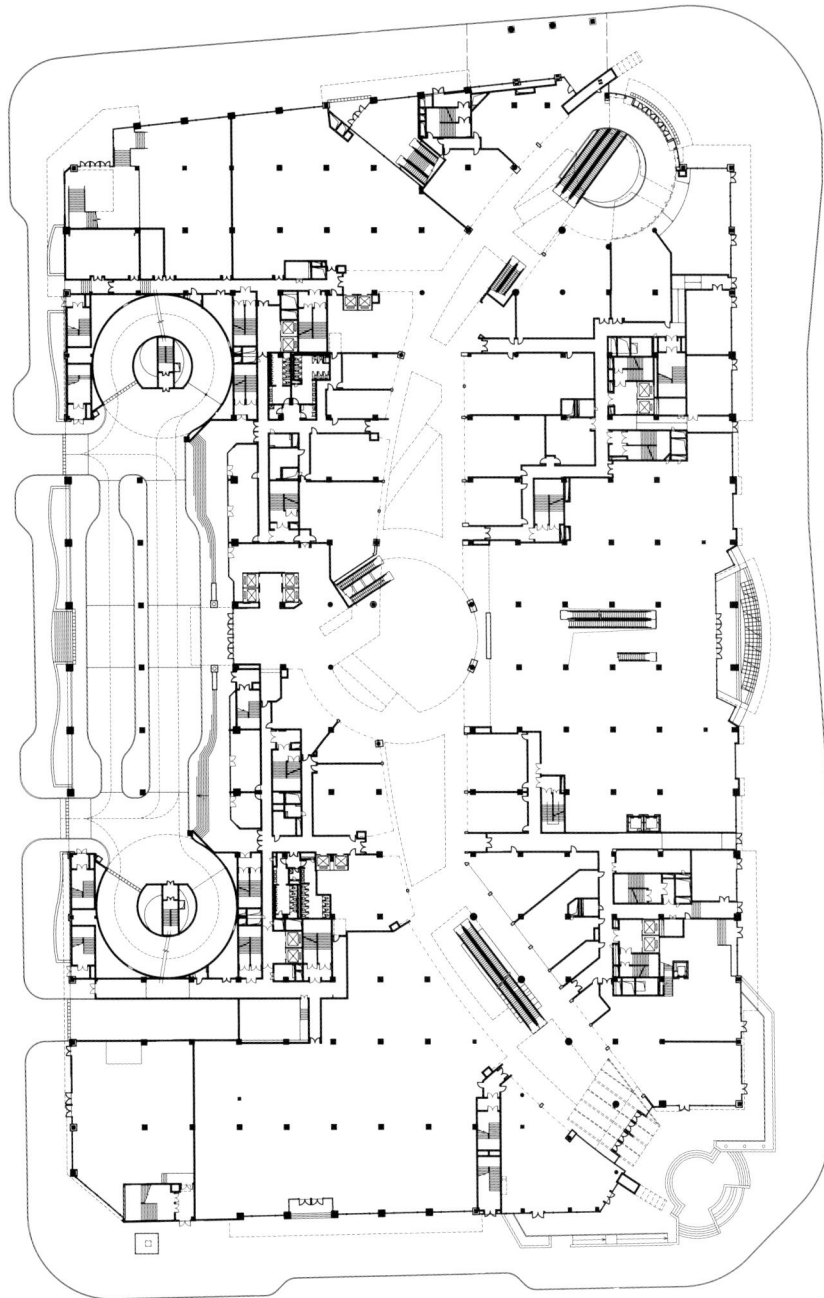

中区商业首层平面图

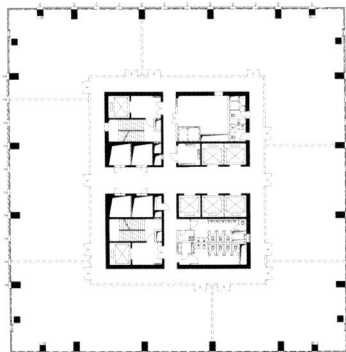

北区办公标准层平面图 1

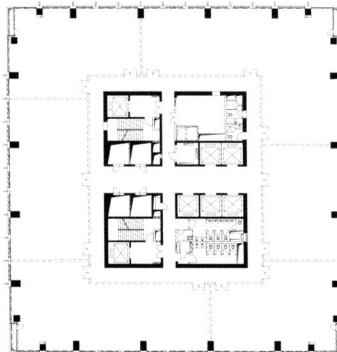

北区办公标准层平面图 2

4　高层总部办公综合体建筑设计实例分析

4.2.4　深圳招商局广场

China Merchants Tower，Shenzhen

深圳招商局广场项目建设用地位于深圳市南山区蛇口海上世界，是海上世界片区率先开发及片区内高端办公项目，在城市设计中定位为城市天际线节点及强化城市空间视觉辨识性的地标性建筑。从大南山到海岸线之间的山海绿色开放空间系统中，建筑高度的总体设置充分考虑观海视线，呈西北高，往海洋逐渐降低的格局，而地标性建筑用以协助组织山海开放空间体系，塑造出天际线节点。

项目超前配置为深圳蛇口自贸区高端超甲级写字楼，拥有高18m的大堂、4.5m高的标准层、智能电梯预约系统等；顺应立面造型，为获得更大的使用面积和经济效益，整栋塔楼除了核心筒以外由16根周边柱自首层到十一层外倾2.23°，之后到顶层的部分内倾1.27°，所产生的楼层面积随造型的收分而变化；在建筑的4个立面设计上采用竖向线条来强化建筑垂直品质，外立面设计在平面高效、结构合理的前提下，综合了海、帆、灯塔等元素的外部造型表达了一股向上的精神，招商局广场成为蛇口的标志和象征。

项目建筑的外围护是由定制挤压成型铝制单元式玻璃幕墙构成。外层玻璃是高性能的Low-E中空玻璃，根据需要进行热强化。在不透明的楼层窗间墙位置处结合单元式玻璃幕墙设置岩棉隔热层，并包括带有高性能喷涂铝合金保温衬板的透明平板玻璃。在建筑玻璃幕墙的垂直方向每隔约0.9m设0.35m宽白色不透明夹胶玻璃百叶的水平遮阳，既丰富了建筑外立面的造型又对建筑的节能有利。

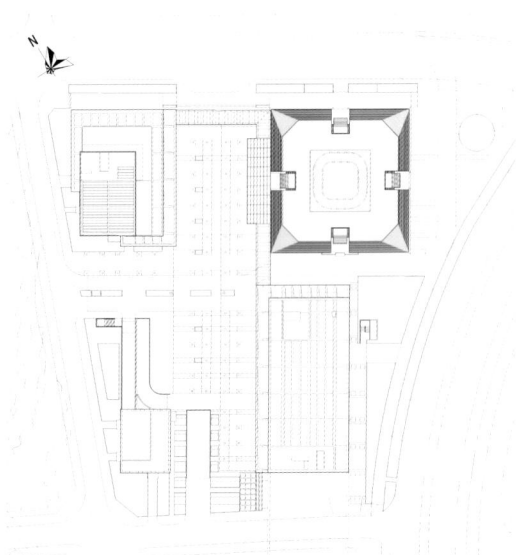

总平面图

项目名称：深圳招商局广场
建设地点：广东省深圳市南山区蛇口海上世界
建设单位：深圳招商房地产有限公司
设计单位：广东省建筑设计研究院有限公司；
　　　　　美国史基摩欧文美尔（SOM）建筑设计事务所
建筑设计：陈朝阳、周　文、韦　静、扶裕华
总建筑面积：107275m²
总建筑高度：211.03m
建筑层数：地上塔楼37层，裙房3层，地下空间3层
结构形式：框架—核心筒结构
曾获奖项：2014年深圳第十六届优秀工程勘察设计
　　　　　（公建建筑）一等奖；
　　　　　2015年全球22座最具现代感的建筑；
　　　　　2015年度广东省优秀工程勘察设计（公建建筑）
　　　　　一等奖；
　　　　　2015年度全国优秀工程勘察设计行业奖二等奖

办公塔楼

海上世界广场近观招商局广场办公塔楼

在环船广场远眺招商局广场办公塔楼

广场入口

办公塔楼首层入口大堂 1

办公塔楼首层入口大堂 2

办公塔楼首层入口夜景

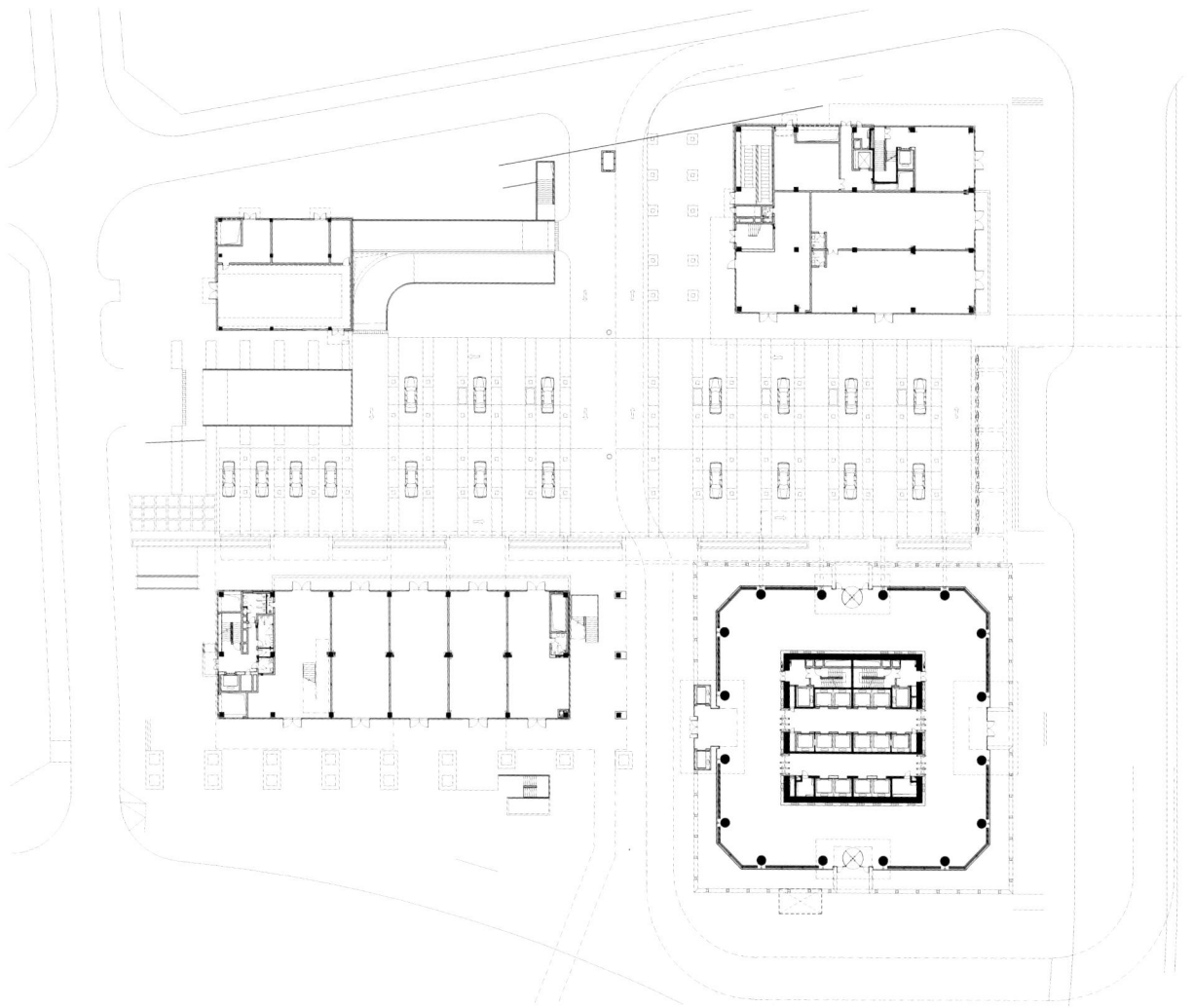

一层组合平面图

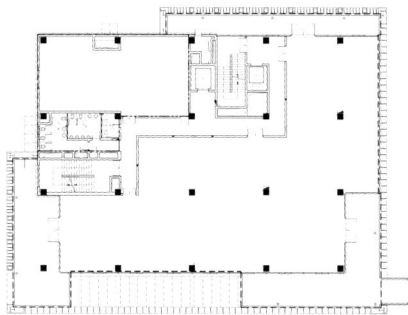

2 号裙房二层平面图

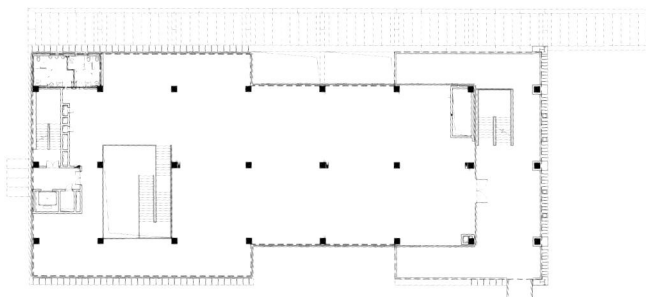

1 号裙房二层平面图

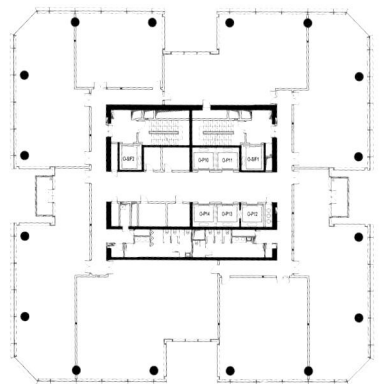

塔楼二十六层平面图

4.2.5 广州报业文化中心
Guangzhou Media Center

广州报业文化中心是广州琶洲互联网创新区第一座桥头堡,位于广州市海珠区阅江路,猎德大桥以南,琶洲国际电子商务区东部,与猎德桥北部由广东省建筑设计研究院有限公司(下文简称广东省院)设计的猎德村、猎德中心(现名"天德广场")隔岸相望,共同组成猎德桥桥头堡,是珠江新城 CBD 商务区与琶洲 RBD 国际电子商务区紧密联结的纽带。

广州报业文化中心由两栋 120m 高的塔楼与高 30m 的高层裙房组成,裙房与塔楼之间通过连廊连接,围合成 3 个中庭,营造流动的现代空间。北向朝珠江的大连廊跨度达 78m,充分吸纳珠江景观。外观简洁、优雅,体现一河两岸建筑和谐共生的崭新现代建筑形象。

项目北塔为出租办公区,南塔为报业管委会办公区和粤传媒办公区,裙房东部为报业配套的餐饮健身区、国际会议区,西部为广州日报社办公区,包含报业文化展览和报业总部的办公功能。

建筑立面运用平实、简洁、流畅的构图元素及虚实对比的设计手法,立面利用阳台造型,形成了上下贯通转折的线条,隐喻中国"龙"形,展现岭南"龙舟扬帆"的体形态意念。本项目由广东省院中标,担任设计总承包工作。依托广东省院雄厚的综合设计技术力量,充分利用人才、技术、科研、创新的优势,承包建筑、结构、机电、智能化、园林等 20 多项专项设计,充分体现广东省院综合设计及协调能力。建成后的广州报业文化中心为广州报业集团提供了现代化总部办公基地,得到业主及各界的好评。

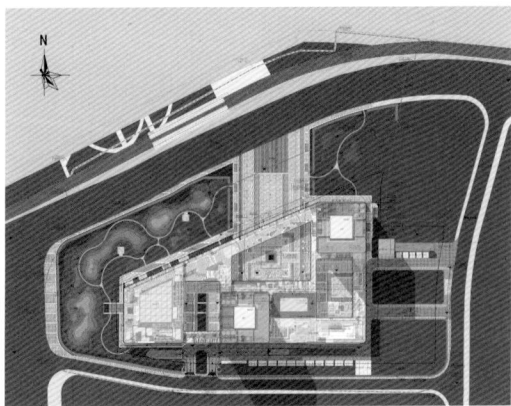

项目名称:广州报业文化中心
建设地点:广东省广州市海珠区阅江路
建设单位:广州日报社;
　　　　　广州市重点公共建设项目管理中心
设计单位:广东省建筑设计研究院有限公司;
　　　　　德国冯·格康.玛格及合伙人(GMP)建筑
　　　　　师事务所
建筑设计:陈朝阳、许成汉、黄伟勋、林　登、江健华
总建筑面积:198491m²
总建筑高度:119m
建筑层数:地上北塔 25 层、南塔 25 层、裙房 7 层;
　　　　　地下空间 3 层
结构形式:框架—核心筒结构、钢筋混凝土框架结构、
　　　　　混凝土拱架结构、钢桁架结构
曾获奖项:2022 年国家优质工程奖

总平面图

广州报业文化中心位于广州地标——广州塔的东侧

鸟瞰猎德桥珠江南岸桥头堡——广州报业文化中心

裙房与塔楼之间通过连廊连接，围合成中庭

三个中庭，营造流动的现代空间

北向朝珠江的大连廊跨度达 78m，充分吸纳珠江景观

广州报业文化中心夜景

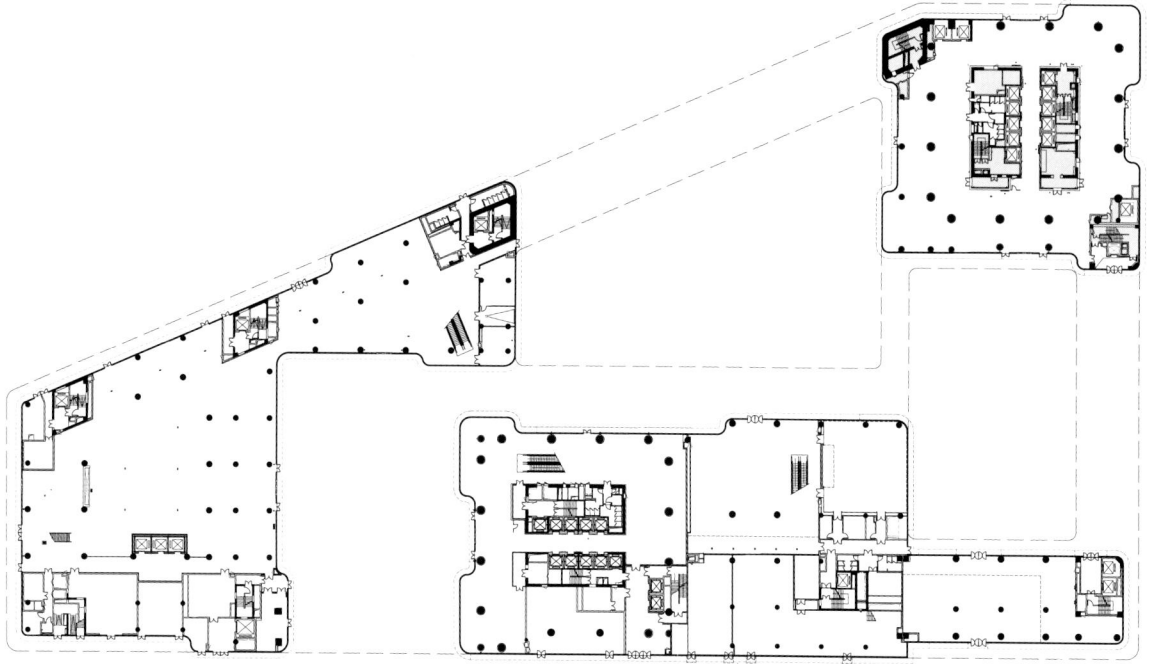

首层平面图

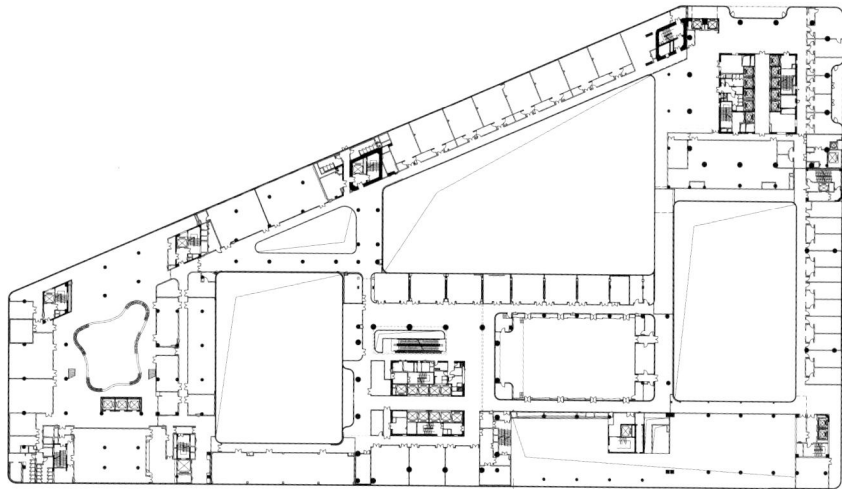

五层平面图

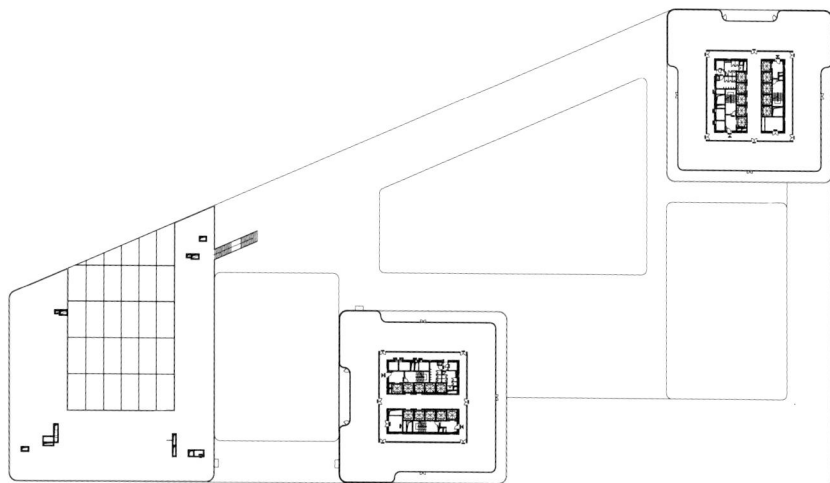

标准层平面图

4.2.6　高德置地冬广场

G.T. Land Winter Plaza

　　高德置地冬广场（珠江新城F2-4地块项目）位于广州市天河区珠江新城CBD核心地段——中央广场绿核公园两侧，是广州标志性的城市核心。

　　项目主要由3个塔楼及裙楼部分组成，外观造型简洁大方，俯瞰珠江新城中心轴公园。错落的塔楼能够最大限度地扩大各个塔楼的视野，让3个塔楼从不同角度享受珠江新城中心轴公园的城市绿化景观。

　　项目拥有大型宴会厅，30m高的顶层酒店大堂及11m高首层各功能大堂。首层设置架空走廊，营造商业灰空间。酒店在高层区域设置多个不同类型餐饮、酒吧，采用错落空间的方式展示其独特魅力。商业部分结合流线设置了错位中庭空间。负一层大中庭的商业展览空间与大阶梯成就独特的舞台视觉效果。裙楼五层开始设置不同空间绿化平台，与屋顶花园形成错落有致的绿化景观，勾勒出别具一格的休闲空间。

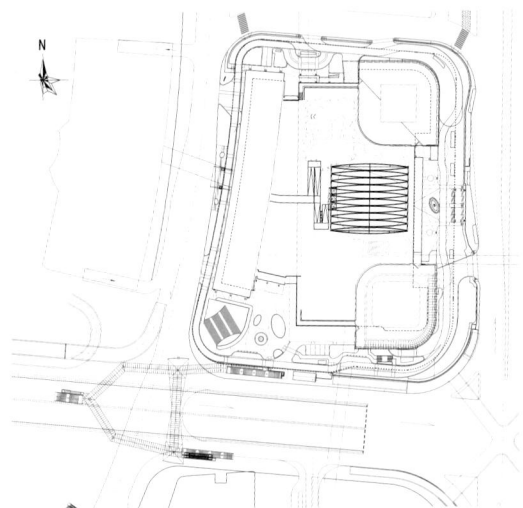

总平面图

项目名称：高德置地冬广场（珠江新城F2-4地块项目）
建设地点：广东省广州市珠江新城珠江东路
建设单位：广州市明和实业有限公司
设计单位：广东省建筑设计研究院有限公司；
　　　　　伍兹贝格（Woods Bagot）亚洲有限公司
建筑设计：孙礼军、何锦超、黄燕鹏、李振华、邱丽琴、
　　　　　连丽凌、温文浩、徐艳丽、李穗燕、潘炬文
总建筑面积：391970.20m²
总建筑高度：282.80m
建筑层数：地下空间6层，地上商业裙房5层；
　　　　　塔楼分别为16层、46层、49层
结构形式：现浇钢筋混凝土框架结构及新型结构形式
曾获奖项：2016年广东省土木建筑学会科学技术一等奖；
　　　　　2016年中国建筑学会优秀建筑结构设计二等奖；
　　　　　2017年度广东省优秀工程勘察设计奖工程设计
　　　　　一等奖；
　　　　　2017年度广东省建筑结构专项一等奖；
　　　　　2017年度广东建筑环境与设备专项二等奖；
　　　　　2017年度全国优秀工程勘察设计行业奖优秀建筑
　　　　　工程设计三等奖；
　　　　　2019—2020年度建筑设计奖给水排水专业二等级奖

城市中实景

西南角街景

东侧主入口仰望塔楼

西北角街景

东南角街景

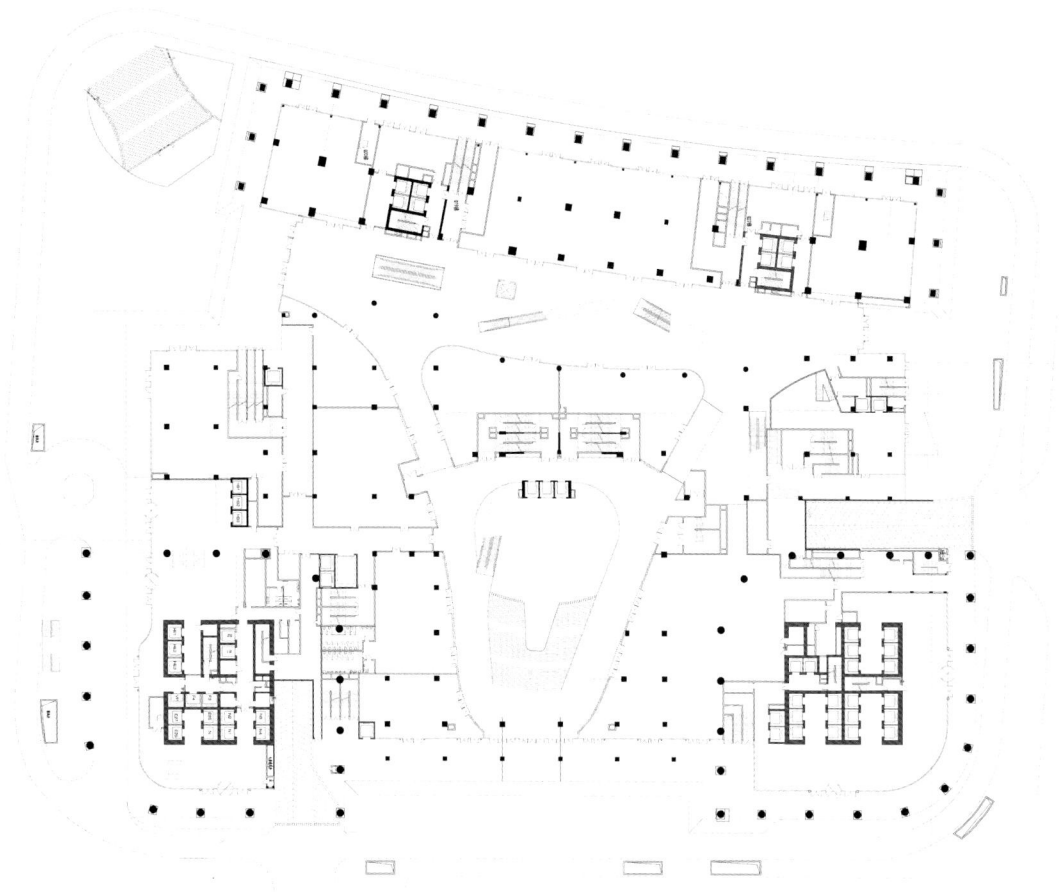

裙楼一层平面图

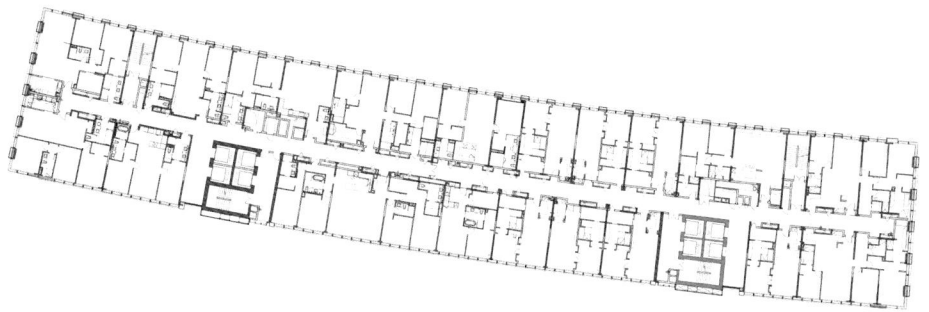

西塔标准层平面图

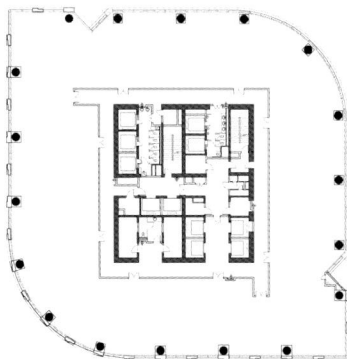

南塔十层至十九层标准层平面图

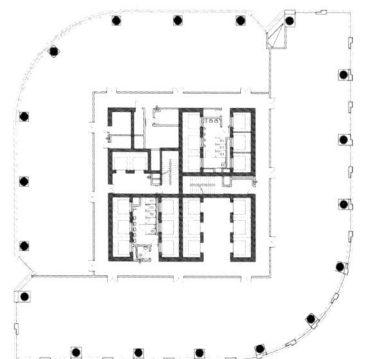

北塔九层至十七层标准层平面图

4.2.7 白云绿地金融中心
Greenland Financial Center

白云绿地金融中心位于广州市白云新城的商业中心区域，建筑裙房部分强调山体状体块设计，考虑到人在驾驶和行走时的速度不同，所产生的对体量的认知也不相同，所以在沿车道的外侧采用相对大的体量设计，给人以整体的感受；而在场地内侧把体量打碎，以小体量的裙房配合挑空设计，以丰富空间形式。裙房还融入旧白云机场的登机平台、廊桥等建筑元素体现对历史记忆的延续。连接西北侧地铁的下沉广场与北侧城市绿化带结合为一体，同时通过裙楼西北角的退台式设计，将绿色引向建筑主体；裙房东侧广场处采用相似的设计手法，形成富有生趣的生态休闲平台。建筑塔楼上层部分可以眺望白云山整体景观，拥有丰富的景观资源，因此，采用开窗面积更大的立面设计。逐渐收减的轮廓线，以及整体的轻质钢结构玻璃幕墙对天空的映射，使建筑与天空融为一体。

从初期概念设计到规划、单体充分体现了对白云山周边环境的理解与尊重，建筑裙房形体通过层层退台与屋顶和垂直绿化的运用，使整栋融入周边环境。地下空间的开发与利用，通过多个下沉广场的设置，解决部分地下空间的采光通风问题，同时又给消防设计提供疏散空间。下沉广场的设置，并与地铁连接，不仅成为本项目的交通集散节点，更成为了城市空间与轨道交通的中转站。

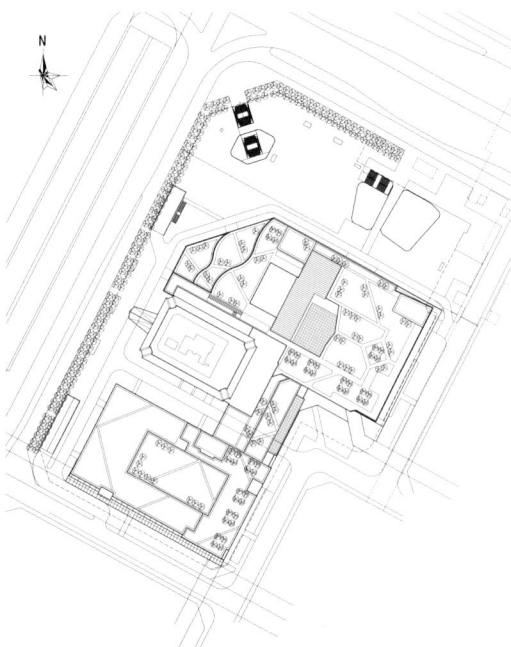

项目名称：白云绿地金融中心
建设地点：广州市白云新城云城西路 888 号
建设单位：绿地集团广州公司
设计单位：广东省建筑设计研究院有限公司；
　　　　　株式会社日本设计
建筑设计：孙礼军、文　健、曾　琳、林　登、黄婉芬、
　　　　　黄志明、张　赡、杨军林、陈颖君、周炯祥
总建筑面积：292183m²
总建筑高度：200m
建筑层数：地上塔楼 45 层，裙房 7 层；
　　　　　地下空间 4 层
结构形式：框架—核心筒，楼盖采用闭合型钢板组合楼盖
曾获奖项：2015 年度全国优秀工程勘察设计行业奖建筑
　　　　　工程二等奖；
　　　　　2015 年度广东省优秀工程勘察设计奖一等奖；
　　　　　2016 年获中国建筑设计奖（建筑结构）；
　　　　　2017 年获第十二届第二批中国钢结构金奖工程

总平面图

西南角入口

沿街日景

北广场日景

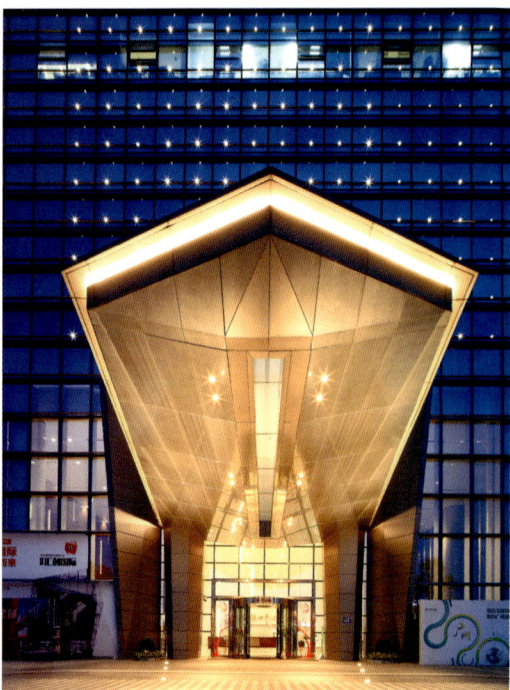
办公塔楼入口近景

临街夜景

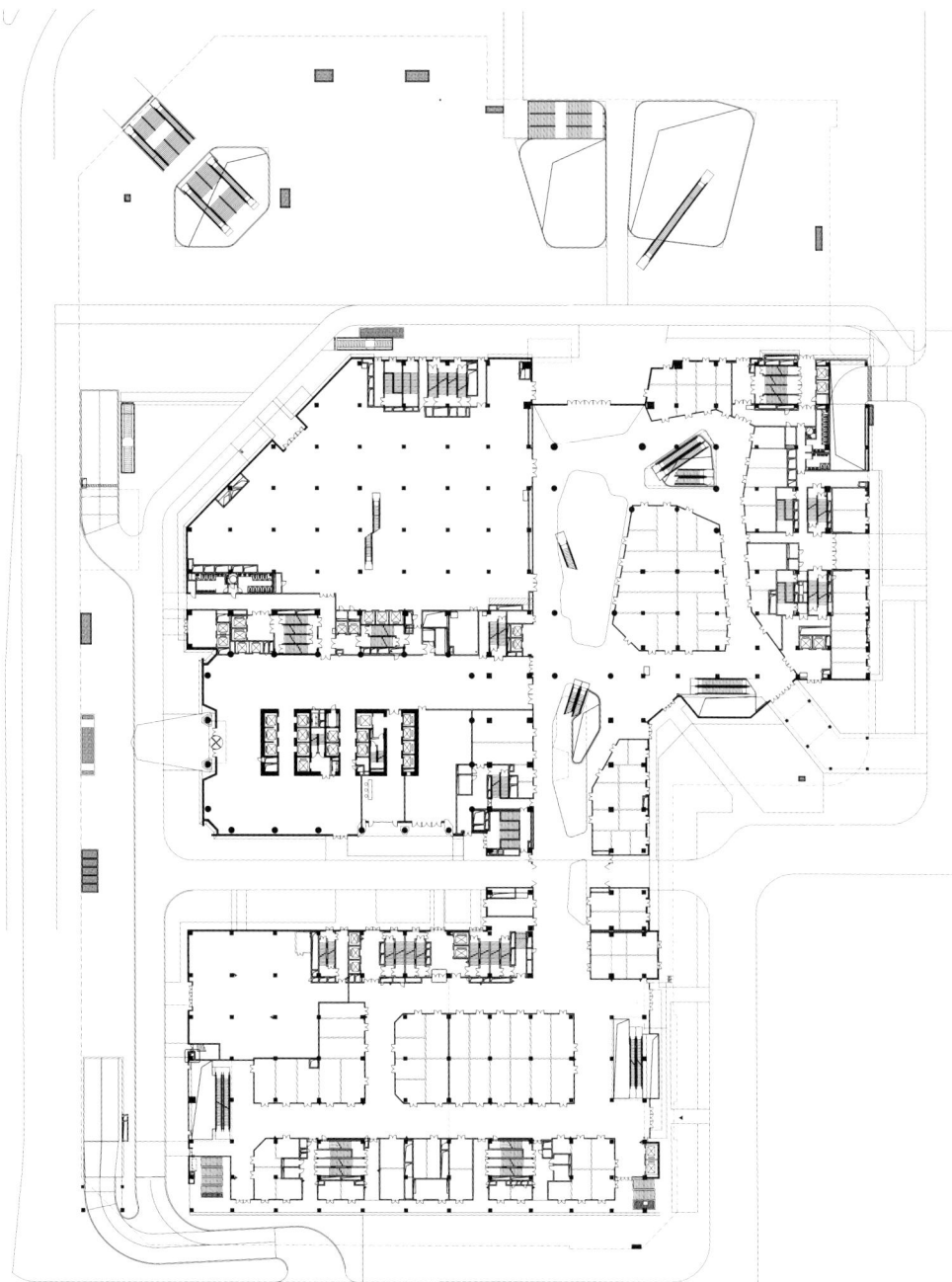

首层平面图

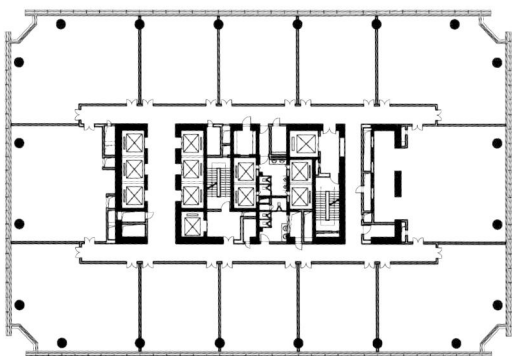

塔楼二十四层至三十六层标准层平面图

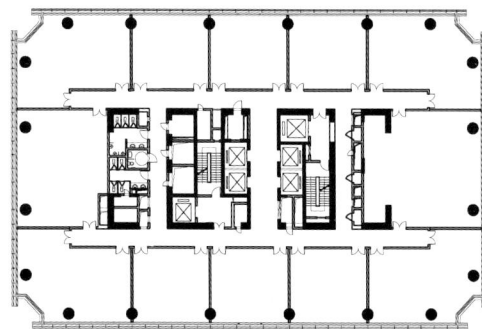

塔楼三十九层至四十五层标准层平面图

4.2.8 中国南方航空大厦

China Southern Airlines Building

中国南方航空大厦是中国南方航空的总部大楼，项目位于广州市白云新城。建筑总高度160m，是超高层城市综合体总部办公楼，集甲级商业办公区、大型会议功能区、高端餐饮、休闲与商业等于一体。项目定位于"5A""第四代"综合性商业办公楼，在智能楼宇、绿色环保、生态设计等方面都综合考虑了南方特点，采用可靠高效的新措施，确保项目成为白云新城的新地标，在绿色建筑方面也成为新标杆。

项目结构创新及采用装配式技术，设计使用寿命100年，工业化建造使土建工期缩短至仅12个月。经过平面、立面的高精度模块化设计，实现了建筑、设备、机电的建筑工业化、模块化。

钢混结构技术国际先进，已获中国三个发明专利：《一种外包钢板与钢管混凝土的空实组合剪力墙：ZL 2014 1 0261029.5》《一种钢箱组件及由其组成的钢箱—混凝土组合U型梁：ZL 2012 1 0487340.2》《一种采用全包钢受力构件的装配式框架—核心筒结构体系：ZL 2016 1 0251910.6》，并且项目通过BIM技术管线综合设计，同时利用钢板墙、U形钢梁等新技术，使得在层高仅3.9m的情况下，实现室内3.2m净高，创造超5A级办公环境。

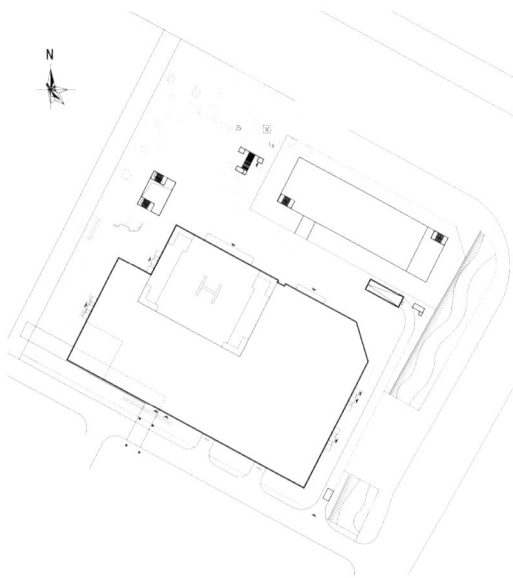

项目名称：中国南方航空大厦
建设地点：广东省广州市白云区白云新城云城东路西
建设单位：广州南航建设有限公司
设计单位：广东省建筑设计研究院有限公司
建筑设计：孙礼军、黄　佳、陈朝阳、叶苑青、
　　　　　陈伟忠、贺林华、沈耀天
总建筑面积：194833.1m²
总建筑高度：160m
建筑层数：地上塔楼36层，裙房6层；
　　　　　地下空间4层
结构形式：框架—核心筒结构体系
曾获奖项：2015年中国钢结构金奖（国家优质工程）；
　　　　　2017年广东省土木建筑学会科学技术一等奖；
　　　　　2018年华夏建设科学技术三等奖；
　　　　　2019年广东省优秀工程勘察设计科学技术一等奖；
　　　　　2019年行业优秀勘察设计三等奖；
　　　　　2020年广东省土木工程詹天佑故乡杯；
　　　　　2020年广东省科技进步二等奖

总平面图

北侧主立面

鸟瞰夜景

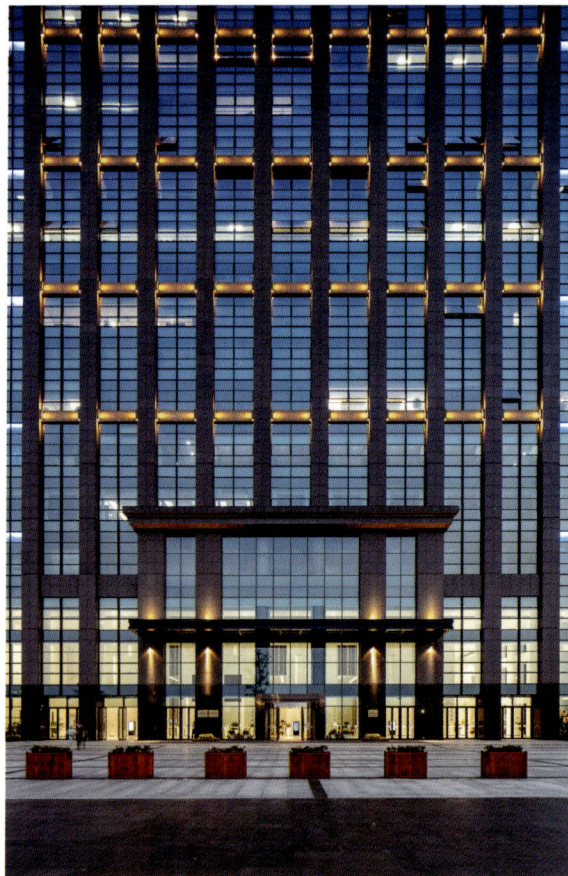

塔楼主入口近景

临街夜景

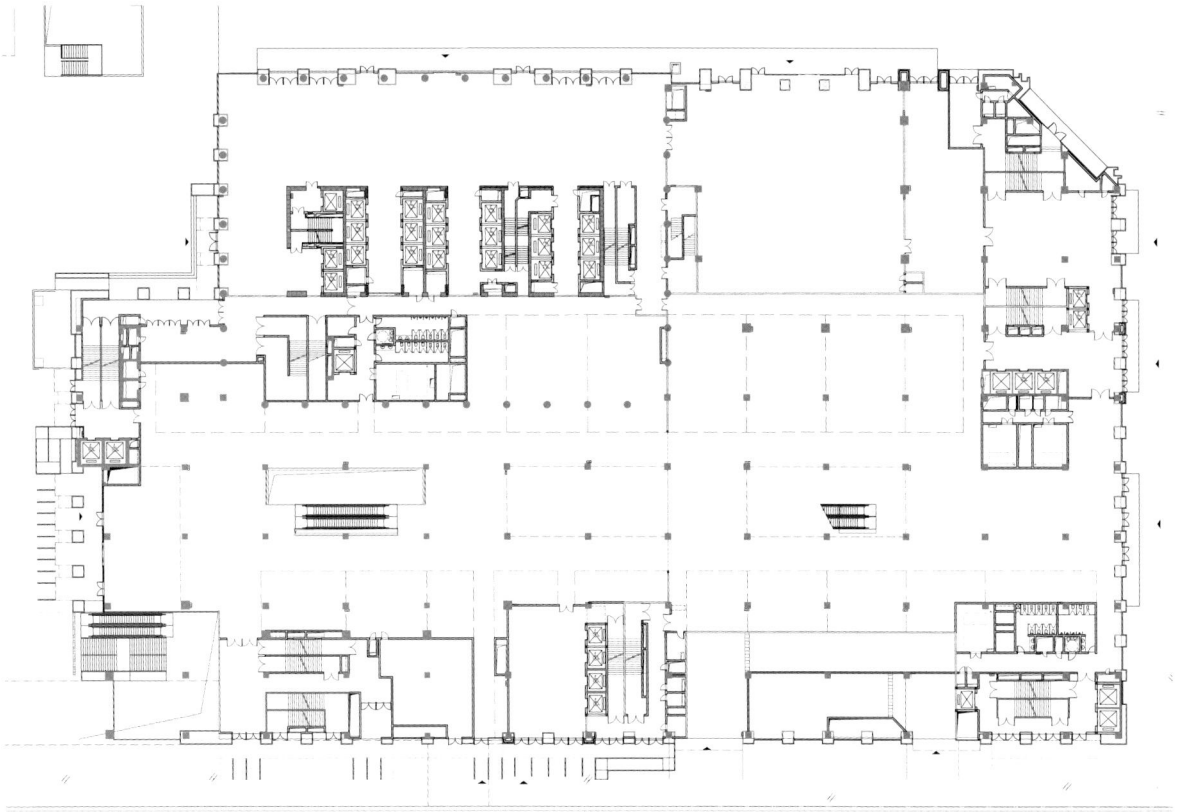

首层平面图

二层平面图

塔楼标准层平面图

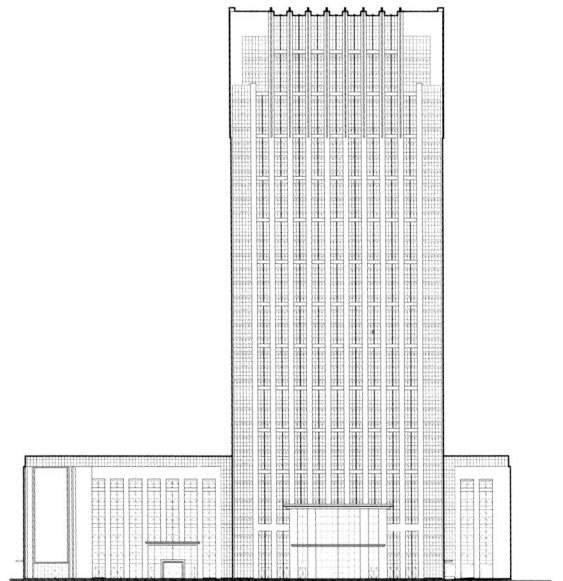

正面立面图

4.2.9 城际中心
Intercity Center

城际中心项目是广州市重点打造的未来城市 CBD 区国际金融城建设的地标性亮点项目，是以城际轨道交通调度指挥中心、写字楼、商业等配套设施为主，功能齐全的城市综合体。

项目建筑平面以矩形平面为主，其中一层至四层为调度指挥中心用房和商业裙房，五层至十层全部为调度指挥中心用房，十层以上为商务办公部分。裙房为 4 层，除办公入口大堂和调度指挥中心之外均为商业部分，其中首层采用敞开式设计结合南边商业骑楼，使外部人流直接顺畅地被吸引进商场内部，商场内部设置中庭，商场首层、二层及三层以精品商铺为主，四层为大型餐厅，商场内部疏散楼梯和电梯集中布置，最大化利用商场南面和东面的商业价值。

塔楼以 2 个避难层分为三部分，低区（45m 以下）部分呈 L 形，中区部分（45m 至 113m）及高区部分（113m 以上）为板式塔楼。塔楼设计理性而不失个性，平面方正实用，以较高的使用率获得良好的经济效益。塔楼结合商业裙楼形成屋顶花园空间，塔楼的两个入口大堂分别位于基地的北面和西面，均为两层通高，通过高效便捷的垂直交通系统把各自的人流引至相应楼层。

建筑形体主要由裙房和塔楼通过变化组合形成，塔楼和裙房之间或塔楼高低相互之间水平和垂直对比强烈，通过对体量相互之间比例的推敲使建筑在各个观察的角度都能获得一个良好统一的效果。整体建筑体型简洁，极富雕塑感，造型设计还体现在立面的肌理和细部上，建筑立面以竖线条为主，采用落地玻璃幕墙形式，结合竖向外挂铝条，获得纯粹大方的建筑形象。

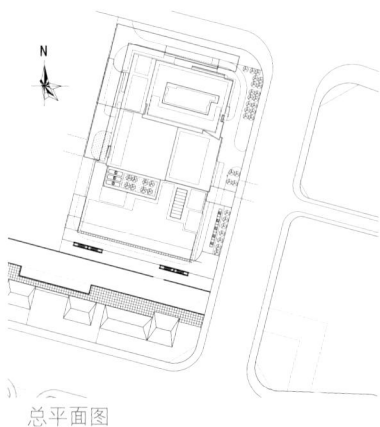
总平面图

项目名称：城际中心
建设地点：广东省广州市天河区黄埔大道国际金融城起步区 A007-2
建筑单位：广东省铁路建设投资集团有限公司
设计单位：广东省建筑设计研究院有限公司
建筑设计：陈朝阳、洪 卫、徐春来、黄高松、杨锦坤、
　　　　　冯梓维、潘宇海、霍镇东、冯 伟、梁志豪
总建筑面积：142364m²
总建筑高度：180m
建筑层数：地上塔楼 39 层，商业裙楼 4 层；
　　　　　地下空间 3 层
结构形式：框架—核心筒结构

西南角低点效果图

东北角低点效果图

东南角低点效果图

沿街商业低点局部效果图

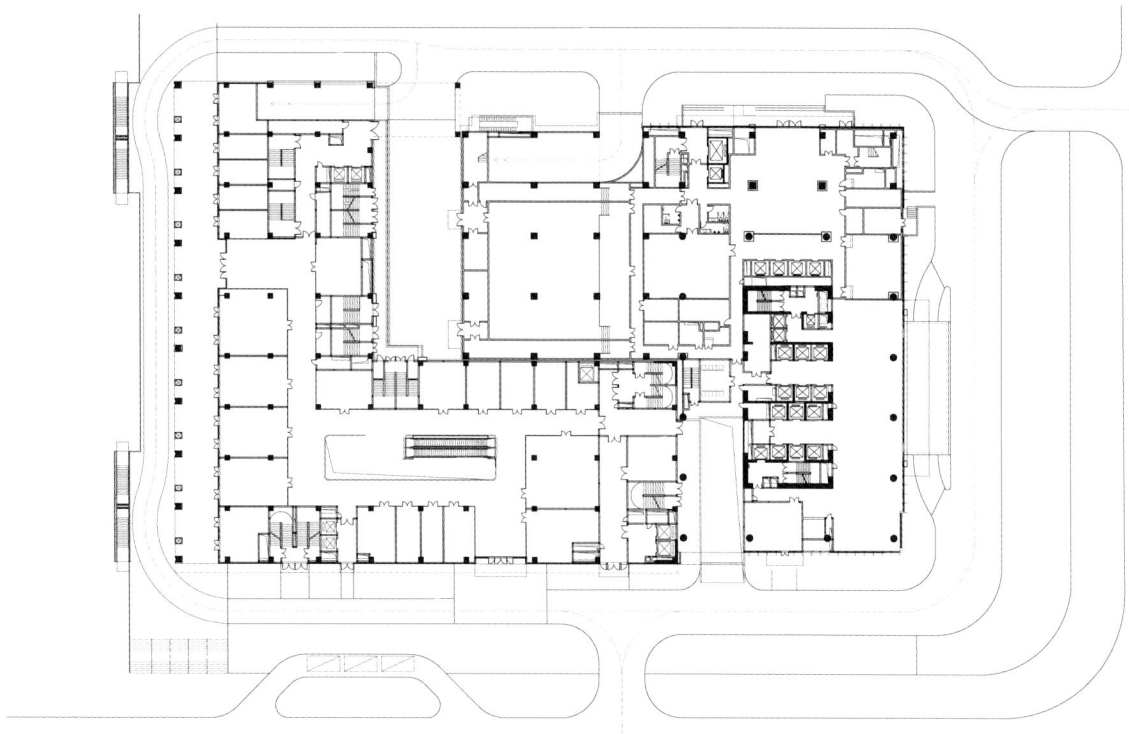

首层平面图

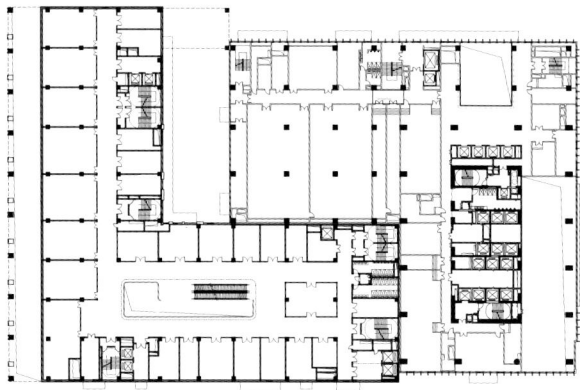

二层平面图

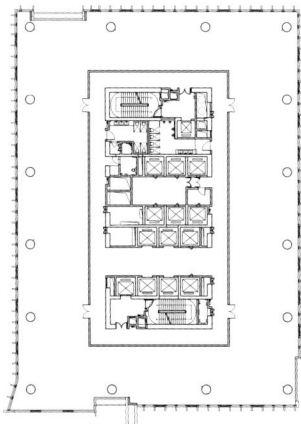

塔楼二十四层至三十六层标准层平面图

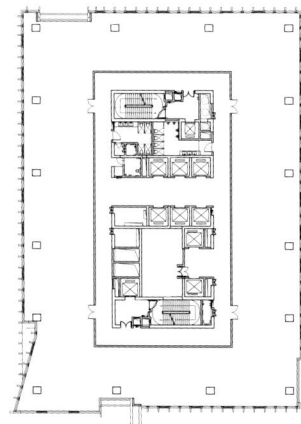

塔楼三十九层至四十五层标准层平面图

4.2.10 南海意库梦工场大厦
Nanhai Yiku Dream Workshop Building

南海意库梦工场大厦项目建设用地位于深圳市南山区蛇口海上世界片区。项目为商业、办公功能为主的城市综合体，塔楼一、二层为办公大堂及少量商业空间，三层至二十五层为办公楼层；裙房一层至三层均以商业、餐饮及电影院为主，夹层局部和三层局部为电影院机房。地下一层设有地下商业、停车库及设备用房，地下二、三层设有停车库及设备用房，地下二、三层局部设置平战结合人防地下室。地下停车位共563个。公交场站设于裙房一层商业区与办公塔楼之间，场站设计4个发车位，2个下客位，13个蓄车位，总共19个车位。

项目结合地形特点，建筑沿周边道路展开布置，呈三角形，将办公塔楼、公交场站、商业裙房分别布置于基地北部、中部和南部；商业裙房平面结合片区人流主动线，充分利用连廊、退台、下沉广场等多元化开放空间，提供更具气氛的商业空间，也同时分流各种人流。

项目由5个不规则形状建筑体及塔楼组成，运用架空连廊将5个建筑体与塔楼相连，形成各具特色的中庭、连廊、露台；裙房中间的"灯笼体"为整个商业点睛之处，使得中庭及露台区域生动而立体，并且创造出极具特色的商业外摆区域；商业裙房立面运用大量石材、铝板，拼接多为横向，间以泛光灯带，结合不规则的建筑形体，创造出层次分明、形态多样、极具张力的生动立面，塔楼立面以玻璃幕墙为主，低楼层穿插运用石材点缀，与商业裙楼相呼应，过渡流畅。

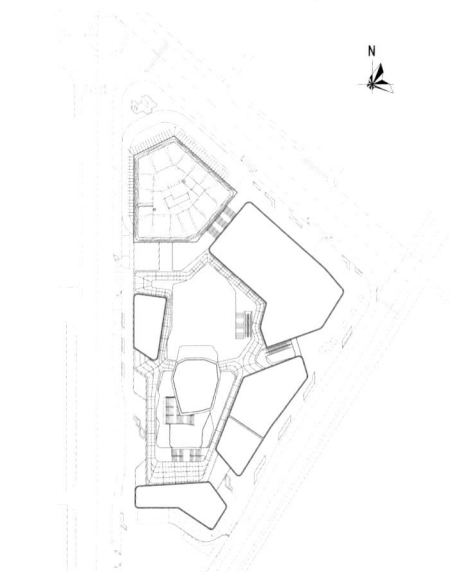

N

总平面图

项目名称：南海意库梦工场大厦
建设地点：广东省深圳市南山区蛇口太子路
建设单位：深圳金域融泰投资发展有限公司
设计单位：广东省建筑设计研究院有限公司；
　　　　　新加坡思邦建筑设计咨询有限公司
建筑设计：陈朝阳、周　文、吴彦斌、覃思鸣、朱　江、
　　　　　段琪峰、黄海滨、王锐东、涂颖贞、温　泉
总建筑面积：113741.86m²
总建筑高度：99.5m
建筑层数：地上办公塔楼25层、商业裙房3层；
　　　　　地下空间3层
结构形式：办公塔楼为框架—核心筒结构、
　　　　　商业裙房为框架结构
曾获奖项：2017年广东省优秀工程勘察设计奖一等奖；
　　　　　2017年全国优秀工程勘察设计奖三等奖；
　　　　　深圳市第十七届优秀工程勘察设计奖一等奖

塔楼日景

东南角街景

西侧街景

裙房中间的"灯笼体"为整个商业点睛之处

运用架空连廊将建筑体与塔楼相连形成的中庭

首层裙楼平面图

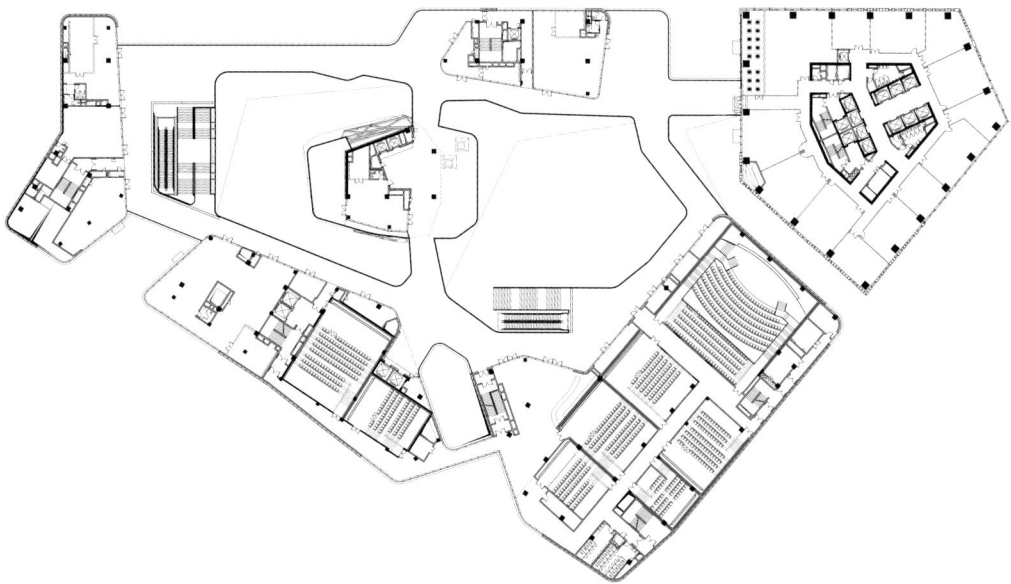

三层裙楼平面图

4.2.11 华润前海中心
China Resources Qianhai Center

华润前海中心作为前海核心腹地上国际一流的综合服务体，充分体现前海的区位和交通腹地的综合价值，被打造为前海乃至深圳的一个地标。综合体开发将从整体性、协调性及标志性的原则出发，塑造出前海核心形象。项目是由1栋商业裙房、1栋文化活动中心、3座办公楼、1座商务公寓、1座五星级酒店及4层地下室组成的大型建筑综合体。

设计运用外方内圆的理念，地块四周线条和体量方正大气，确立出金融街区的形象。地块内金融峡谷运用退台造型，增加立体层次、三维多变的感觉，赋予曲线特征。峡谷的尺度收放有道，营造出大小不同的空间，促进了人与人之间的互动交流。金融峡谷主活动空间上的ETFE弧线造型天幕，也是本项目一个充满活力的设计亮点，不但丰富了建筑的独特造型，而且充分考虑了南方地区湿热的气候环境，为市民提供了一个全天候、舒适的公共活动场所。项目在规划出丰富的建筑空间形态的同时，积极考虑与周边建筑、地铁的连接，使得建筑的可达性进一步提高。

项目塔楼线条明快，整体形象高耸挺拔，立面简洁大气，与该商务片区的性格相吻合，个性突出又不失自身的尊贵感。办公建筑外立面以玻璃幕墙为主，采用银色的横向金属线条与浅蓝色的玻璃穿插搭配，立面清新又端庄典雅。购物中心为体现商业多元化、商业气息浓厚的特点，采用多体块、多元素、多材料有机组合的处理，给人耳目一新的全新感受。建筑运用流畅曲线的建筑外墙和顶部雨篷，使建筑形象更富有动感。天幕、挑廊、退台、连廊、台阶、扶梯等建筑元素，交织出一幅绚丽的景象。

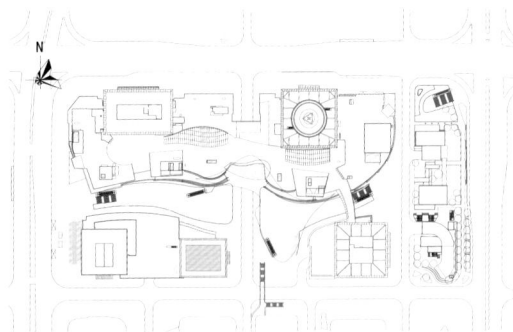

总平面图

项目名称：华润前海中心
建设地点：广东省深圳市前海合作区
建设单位：华润置地前海有限公司；
　　　　　希润（深圳）地产有限公司；
　　　　　润福（深圳）地产有限公司
设计单位：广东省建筑设计研究院有限公司；
　　　　　香港贝诺（Benoy）建筑设计公司；
　　　　　美国盖驰（Goettsch Partners）建筑设计有限公司
建筑设计：陈朝阳、孙礼军、李志毅、赖志勇、杨　帅、
　　　　　何树周、徐子骅、何梦婷、李沛洲、黄元雄
总建筑面积：753500m²
总建筑高度：286.39m
建筑层数：地上塔楼62层，商业裙房3层（局部4层）；
　　　　　地下空间4层
结构形式：框架—核心筒结构体系

低点夜景效果图

鸟瞰夜景效果图

低点日景效果图

金融峡谷主活动空间及 ETFE 弧线造型天幕效果图

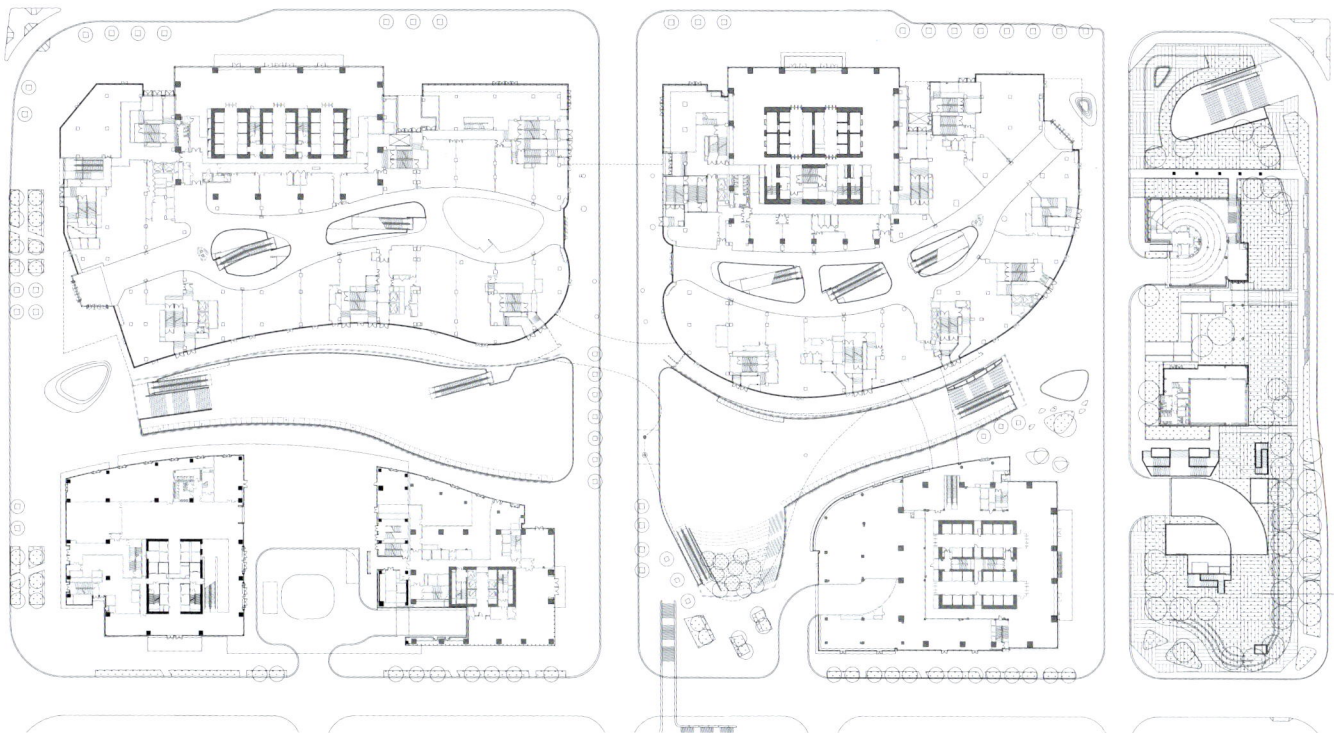

首层平面图

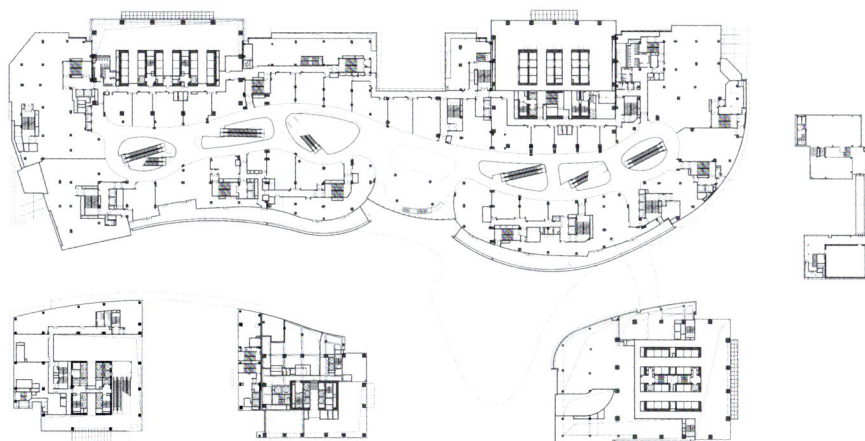

二层平面图

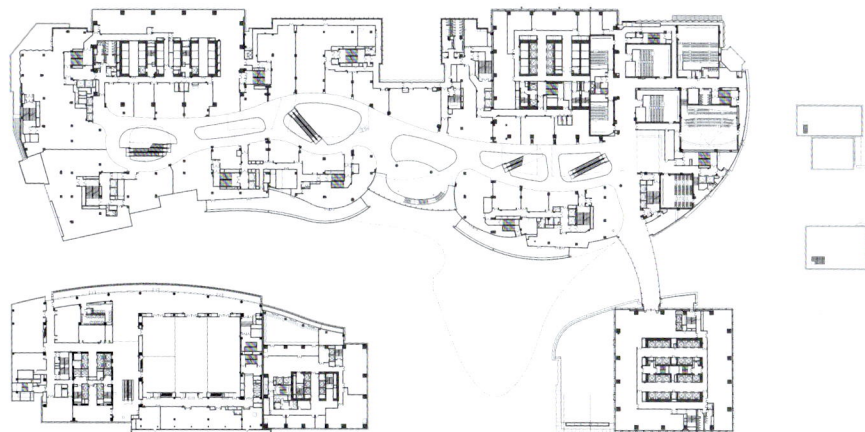

三层平面图

4.2.12　华海金融创新中心
Huahai Financial Creation Center

　　华海金融创新中心项目体现高端、现代的建筑外观设计特点，具有平衡精致的造型设计、经济性与功能实用性，同时提供个性独特和灵活多样的办公环境空间，以反映市场需求。三栋"公园塔楼"漂浮在一个相互连通的商业和公益配套设施裙楼之上，为社区提供重要的公益配套设施服务，同时有机地将项目结合为一个连贯统一的整体。塔楼造型新颖简洁，自然融合室内外空间环境。三栋"公园塔楼"的新型办公建筑设计不仅对更有活力、更具创造力和协作性的办公人员充满吸引力，同时还展现了世界一流的现代建筑地标形象。首层设置两个下沉广场贯通地上、地下商业。项目功能主要为办公和商业，利用周边环境使其价值潜能得以充分发挥。

　　项目设计重点营造出公共配套设施、公共开放空间等友好且可持续发展的空间环境。项目中的公共配套设施，如社区健康服务中心和公共文化活动中心等，通过有效空间组织的公共通道系统与屋顶花园和户外空间相结合。行人步行系统与公交车站和地下走道系统直接连通，这种开放空间相互之间的互动性有效提高了空间环境品质，促进可持续发展，满足低碳生态要求。

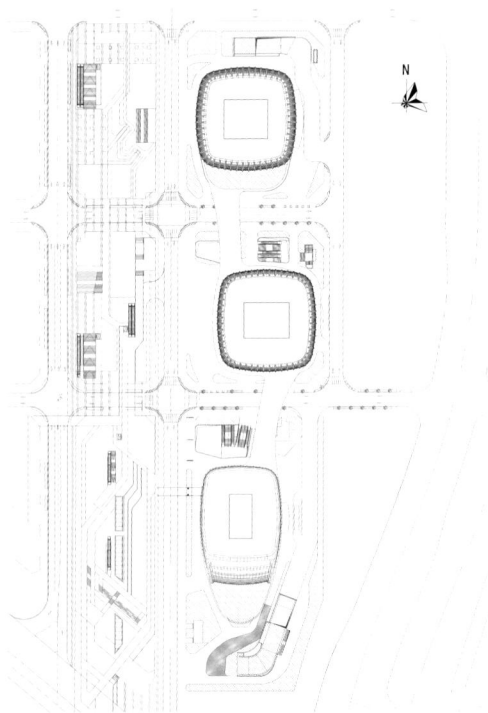

项目名称：华海金融创新中心
建设地点：广东省深圳市前海合作区
建设单位：民生电子商务有限责任公司
设计单位：广东省建筑设计研究院有限公司；
　　　　　美国盖驰（Goettsch Partners）建筑设计有限公司
建筑设计：陈朝阳、周　文、李志毅、李大伟、赖志勇、
　　　　　黄美映、钟慧娜、许振强、何梦婷、李沛洲
总建筑面积：256300m²
总建筑高度：180m
建筑层数：地上塔楼39层，商业裙房3层；
　　　　　地下空间4层
结构形式：框架—核心筒结构体系

总平面图

鸟瞰日景效果图

低点日景效果图

低点日景效果图

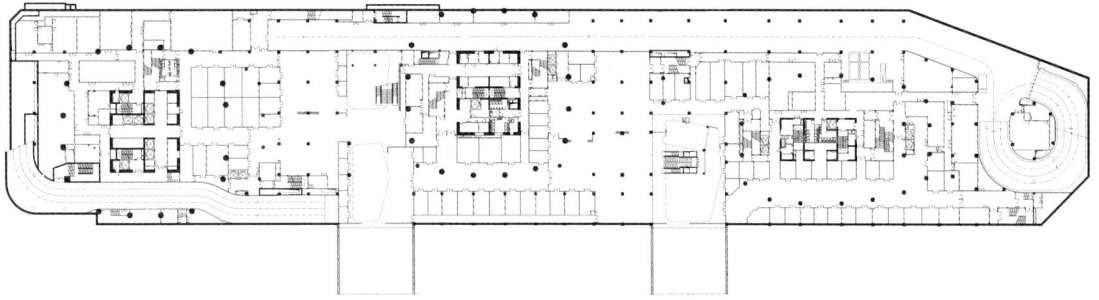

地下一层平面图

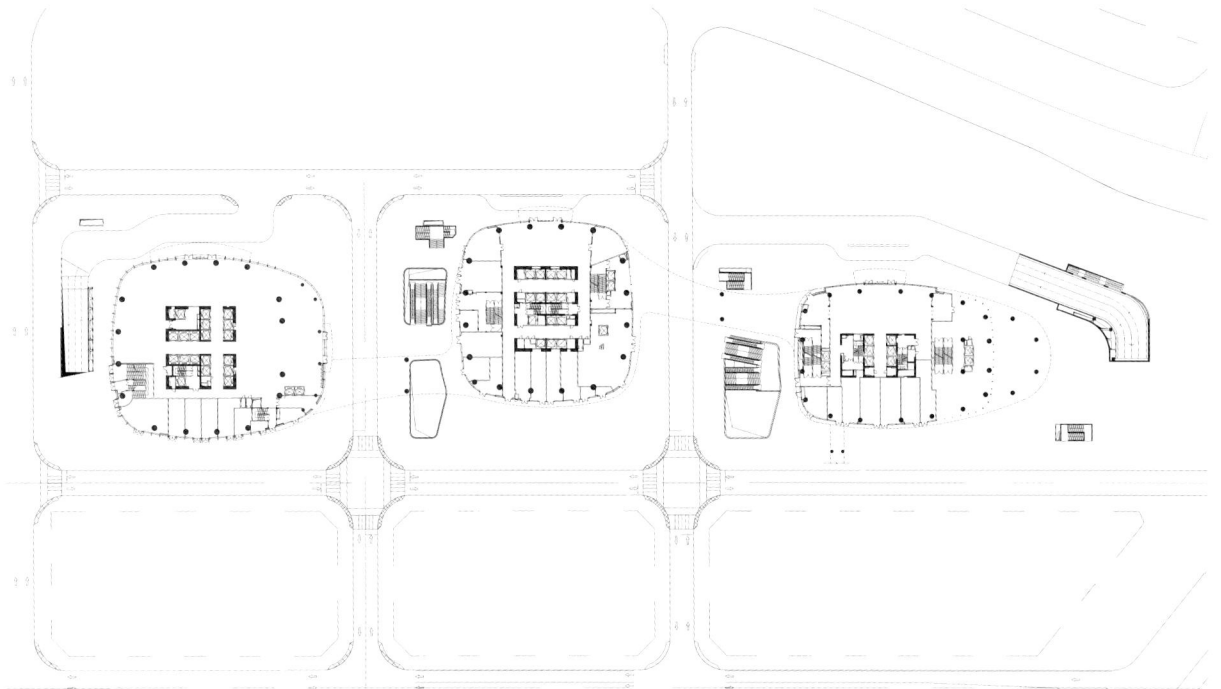

首层平面图

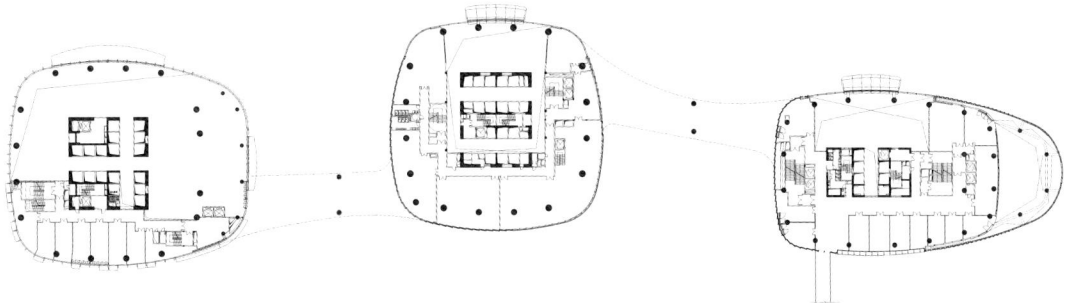

二层平面图

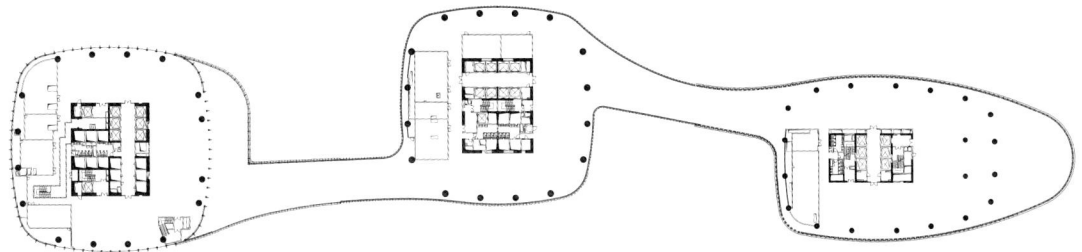

四层平面图

4.2.13 深圳前海鸿荣源中心

Qianhai Horoy Center, Shenzhen

深圳前海鸿荣源中心项目位于深圳市南山区前海深港现代服务业合作区的桂湾片区南部，听海大道以西、海滨大道以北、临海大道以东，紧邻桂湾河。沿用地西侧听海路有规划中的港深西部快线；规划中的南北向穗莞深城际线从用地中间穿过；用地东侧沿航海路有施工中的地铁11号线及规划中的地铁5号线延长线。

项目位于前海深港合作区的核心地段，主要产业为金融及高端服务业。力求打造创新多元功能复合的金融产业街区，营造富于趣味的全天候活力公共空间和立体复合的地下空间网络。设计将实现总体规划的精神，决意打造一个能结合大自然资源的高端、高效的综合商业区。

项目地块处于桂湾片区的南端，位于区域与绿化带的交接位置。在整体绿化网络的层面，地块成为城市绿系中的大节点位置。另外，地块坐立在离海第二排，裙房顶层及高层的塔楼都能够一览前海湾海景。优越的地理位置令其有潜力为区域打造一个在商业圈中央的大型绿化公园。设计中集中利用地块拥有大自然二大元素：海与绿的优势。配合过街连桥，打造一个无间断的绿化海景通道，把整个桂湾区如生态绿化带作为有机的联结。塔房的布置主要靠基地的边缘，一方面能够将中央的绿化平台最大化，另一方面亦能打造沿街的商业环境。基地东北角利用下沉广场连接地铁通道，配合标志性塔楼，把入口广场打造成区域内中心商业枢纽，与不同层次的绿化空间构成一个立体化的公共空间，带动人流到达不同高度的地区。

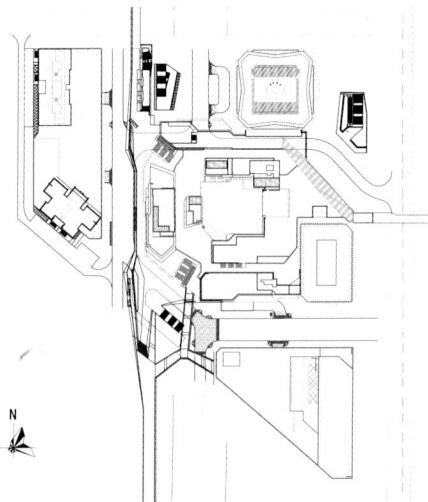

总平面图

项目名称：深圳前海鸿荣源中心
建设地点：广东省深圳市南山区
建设单位：深圳市前海冠泽物业管理有限公司
设计单位：广东省建筑设计研究院有限公司
建筑设计：陈朝阳、周　文、吴彦斌、覃思鸣、吴文凯、
　　　　　扶裕华、欧海平、林　瀚、杨雄发、卓志杰
总建筑面积：510000m²
总建筑高度：263.05m
建筑层数：地上塔楼57层，商业裙房4层；
　　　　　地下空间4层
结构形式：框架—核心筒结构体系

鸟瞰日景效果图

办公楼日景效果图

酒店日景效果图

配合标志性塔楼，把入口广场打造成区域内中心商业枢纽，与不同层次的绿化空间构成一个立体化的公共空间，带动人流到达不同高度的地区

沿街的商业环境局部效果图

公寓日景效果图

全天候活力公共空间和立体复合的地下空间网络效果图

办公楼 A 座塔楼平面图

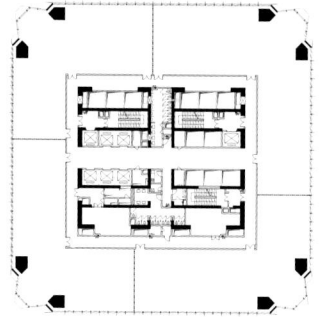

办公楼 B 座塔楼平面图

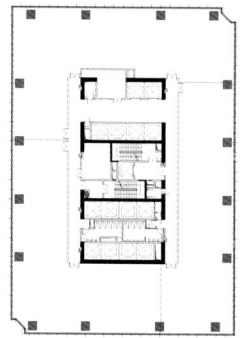

首层平面图

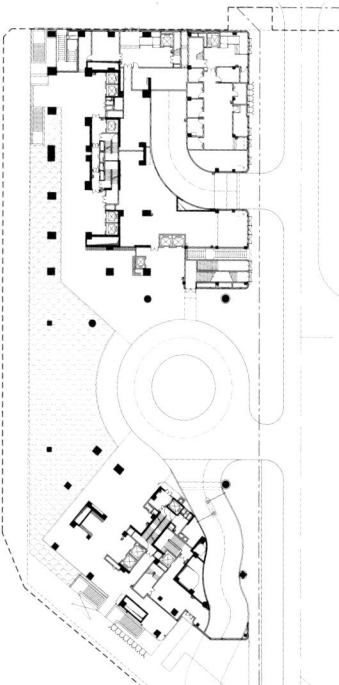

公寓 A 座塔楼标准层平面图

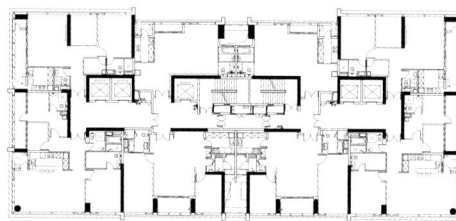

公寓裙房平面

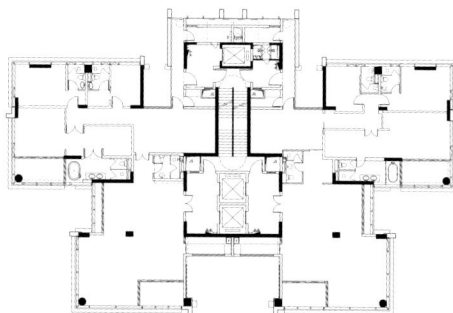

公寓 B 座塔楼标准层平面图

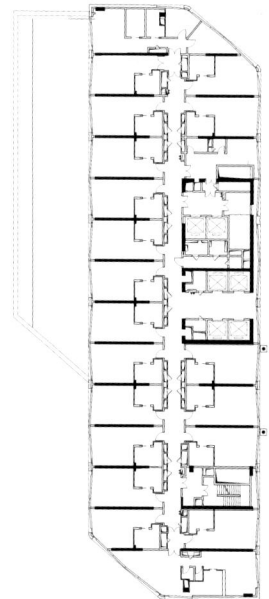

酒店标准层平面图

4.2.14　东莞信息大厦

Information Building，Dongguan

　　东莞信息大厦是中国电信股份有限公司东莞分公司的总部大楼，位于东莞市新城区中央商务区，处于以鸿福路为中轴的弧形建筑群南端，建成后成为中央商务区的标志性现代建筑。东莞信息大厦项目设计从城市通达、环境共生入手，充分利用用地周边及中心区的景观资源，突出建筑主体在周边的建筑群体中的特殊位置，加强了建筑与城市环境对话，构建了电信楼高科技、高人文、高生态的建筑形象。项目主体建筑南北向布置避免西晒，幕墙采用节能玻璃，裙房部分设置大型遮阳篷，充分利用自然通风采光。

　　总平面设计分区明确、围合前后广场、组织内外交通，形成开放、有序的群体空间。主体塔楼旋转45°，使建筑有两个主面迎合东莞大道，同时避免与周边高层建筑的"对视"。通过螺旋上升的建筑形象体现，暗示反映了生物学基因代码的信息意象，隐喻着新时代信息社会中电信作为基础平台的社会角色，展现了电信服务社会、业务蒸蒸日上、蓬勃发展，致力于创造美好生活的良好愿望。简洁现代的构成形式和造型手法，对玻璃的大胆运用，融合了新城市、新形象的概念，体现出与时俱进的精神。

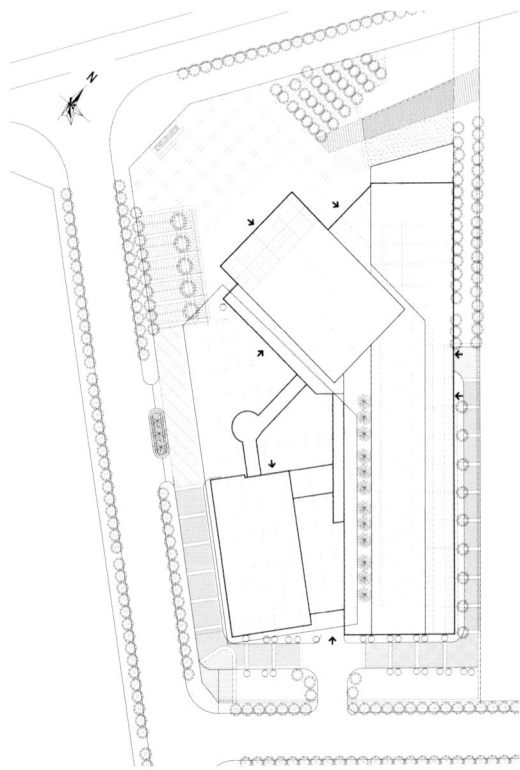

项目名称：东莞信息大厦
建设地点：东莞市东城区东莞大道与怡丰路交汇处
建设单位：中国电信股份有限公司东莞分公司
设计单位：广东省建筑设计研究院有限公司
建筑设计：陈朝阳、沈少跃、邓汉勇、黄美映、吴彦斌
总建筑面积：83567.10m²
总建筑高度：99.5m
建筑层数：地上塔楼24层；裙房5层；地下空间2层
结构形式：框架—核心筒结构体系
曾获奖项：2015年广东省优秀工程勘察设计行业奖建筑
　　　　　工程二等奖；
　　　　　2015年全国优秀工程勘察设计奖建筑工程三
　　　　　等奖

总平面图

在东莞市第一国际商务区隔东莞大道相望的大厦日景

北侧日景

南侧日景

入口落客区

正面主入口前广场

各功能建筑共享空间

建筑主体与裙房围合形成开放式的内庭院

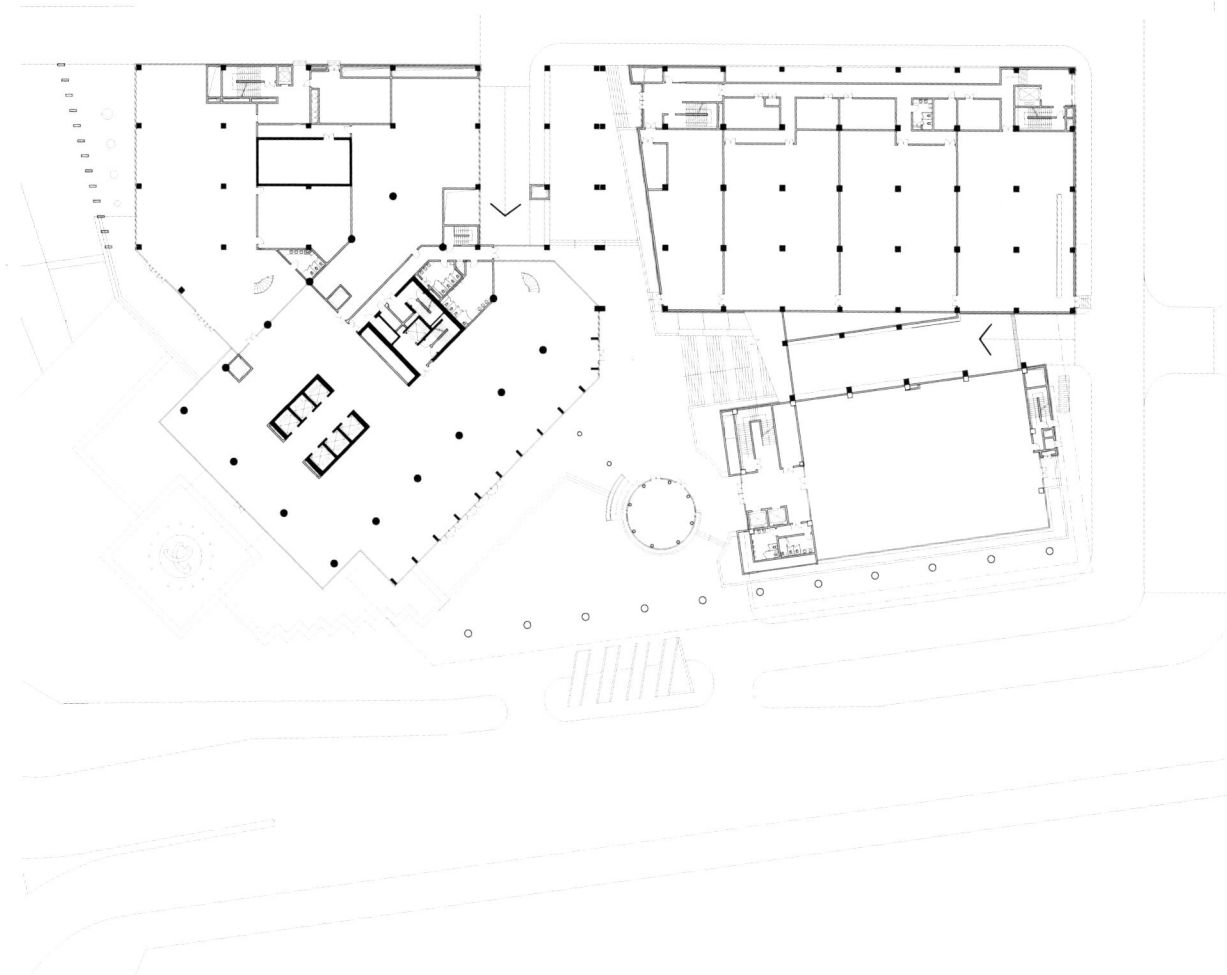

首层平面图

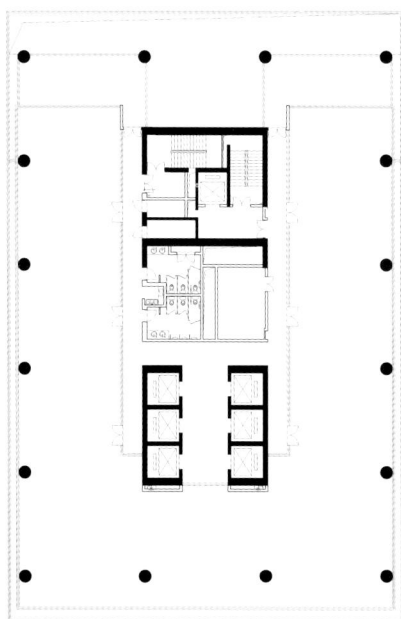

偶数标准层平面图

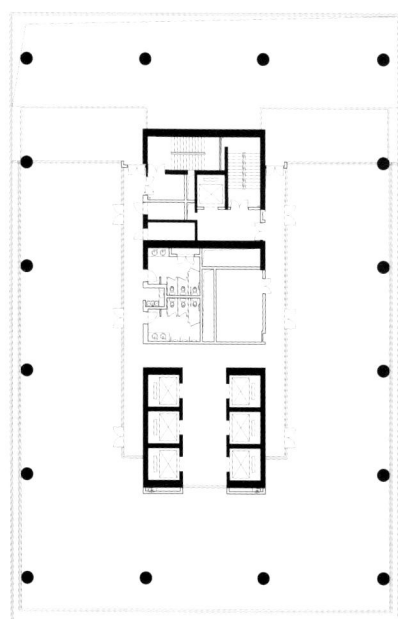

奇数标准层平面图

4.2.15 华策国际广场
Huace International Plaza

华策国际广场是集商业、办公、会展于一体的国际商务智荟中心，更是华策集团总部大厦。办公塔楼东、西布置基地两侧，东、西塔楼在七层至九层通过空中连廊相连通。商业裙房靠基地南侧布置，这是重要的商业沿街面，最大限度地扩展商业面积。地下空间在负一层、负二层设置了商业餐饮功能，由基地北侧琴海东路引入，通过下沉广场来组织地下空间的商业流线，同时在负二层与地下公共车行通道联通。负三层至负五层为停车库。

华策国际广场项目的建筑造型在平面中采用了大量弧线，满足不同方面的功能要求；弧形的平面增大了外立面的延展性，提供了更多的有利景观视角；内庭院弧形走道方便引导人流，给人以曲径通幽之感；高层主体的圆弧边线避免了与周边建筑物和道路的视觉冲突；在立面造型方面采取曲线延展上升的手法，由下而上升腾的弧线造型为建筑的天际线增色不少，使巨大的建筑看起来轻盈如飞，整体造型给人以一气呵成的流畅气势，双塔式设计，"V"字形的线条流动自由，外墙采用先进的夜色光影设计，似水川流不息，似蝶展翅飞翔，妖娆多姿的光与影，与珠澳夜色相互辉映。

项目提出了多项创新技术，基于系统理论、实验和设计方法研究，形成了结构设计关键技术，获得了多项技术成果。如密式异型短肢钢板墙核心筒，此种结构由异形短肢钢板墙、矩形钢管混凝土组合连梁、钢筋桁架楼层板或压型钢板组合板组成。这种结构形式克服了预制混凝土剪力墙重量大、运输难度大、防火能力弱的缺点，较适宜用于装配式高层建筑中，在国际上是首次应用。

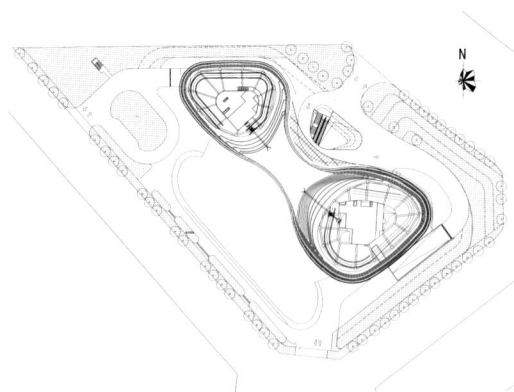

项目名称：华策国际广场
建设地点：广东省珠海市横琴新区琴海东路
建设单位：珠海横琴华策投资控股有限公司
设计单位：广东省建筑设计研究院有限公司；
　　　　　美国金斯勒（Gensler）建筑设计事务所
建筑设计：廖　雄、袁梅清、巫仲强、甄景浪、
　　　　　谢思欣、许水泠、罗斯予、陈锦贵
总建筑面积：113214.05m²
总建筑高度：119.95m
建筑层数：地上东塔楼26层、西塔楼15层及商业裙房
　　　　　4层；地下空间5层
结构形式：首创装配式的密式异型短肢钢板墙核心筒结构
曾获奖项：2017年广东省优秀工程勘察设计奖科技创新
　　　　　专项一等奖；
　　　　　2021年度广东省优秀工程勘察设计奖二等奖

总平面图

日景 1

沿街日景

日景 2

大堂空间 1

大堂空间 2

电梯间

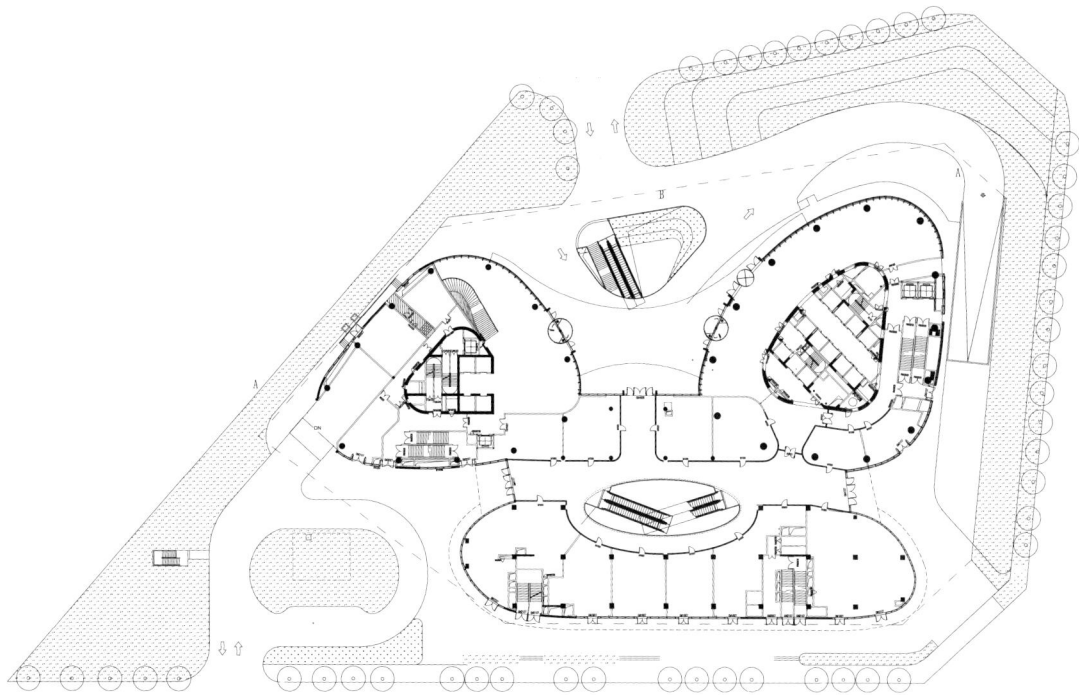

首层平面图

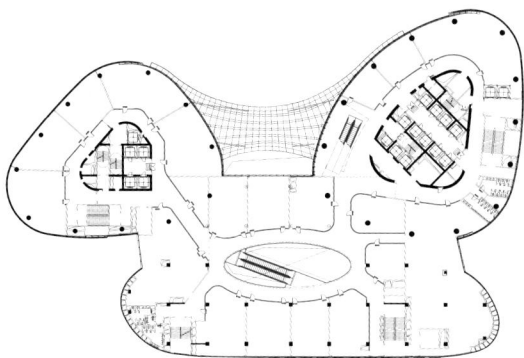

三层平面图

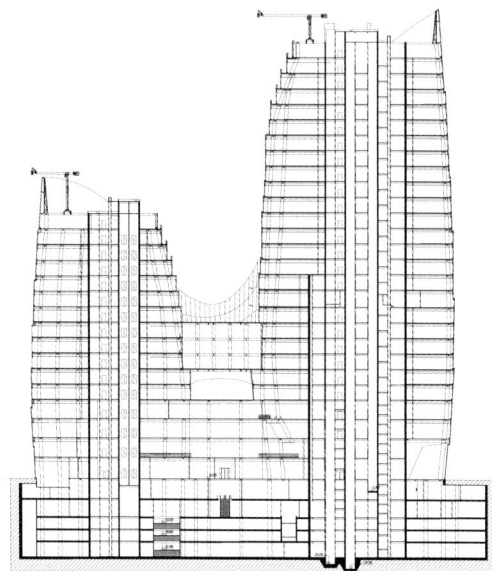

剖面图

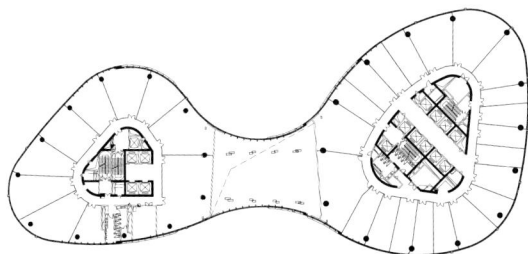

九层平面图

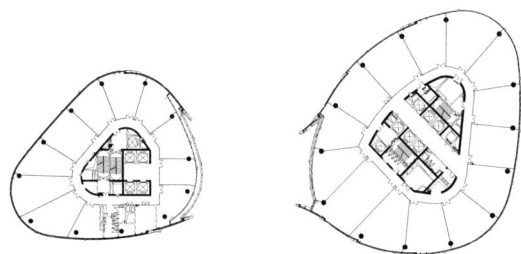

十三层平面图

4.2.16 保利商务中心
Poly Business Center

佛山市保利商务中心区项目是佛山新城1号地块的城市综合体，包括办公楼、酒店、公寓楼及商铺部分，办公及酒店综合楼是项目建筑群中的核心标志建筑，其他各栋建筑围绕其布置。超高层甲级办公塔楼和高端酒店塔楼以6层裙楼连体，首层局部架空兼作消防通道，3层地下室为后勤用房和地下车库，与整个基地的其他各栋地下室连通。细致的分区使人车有序分流，后勤服务流线与宾客流线完全分离，各动线组织互不干扰。交通流线舒畅，员工与来访者可通过首层的空间和通往二层的自动扶梯到达电梯间。

保利商务中心区项目的设计理念是将建筑物定义为城市的剪影，并将成为佛山保利新城发展项目的地标，通过建筑的规模以及与当地岭南文化元素的巧妙结合来实现。

立面创意采纳了中国传统习俗中的天灯意念，在99m和249m高的高层建筑顶部设计了气派的天景空间，这些空间的建筑和照明设计使人们联想到飞翔的天灯。而传统中式花园的木窗花饰，应用在幕墙和核心筒的设计上。三角形幕墙单元上的花窗可作为通风开启扇以实现办公楼和酒店房间独立的自然通风。立面造型以现代主义简洁明快的风格，运用简洁硬朗的线条，通过石材与玻璃强烈的虚实对比产生刚劲有力的美感，美观的镂空金属板和浅色天然石材的结合，展现了保利商务中心主体建筑的典雅高贵形象。

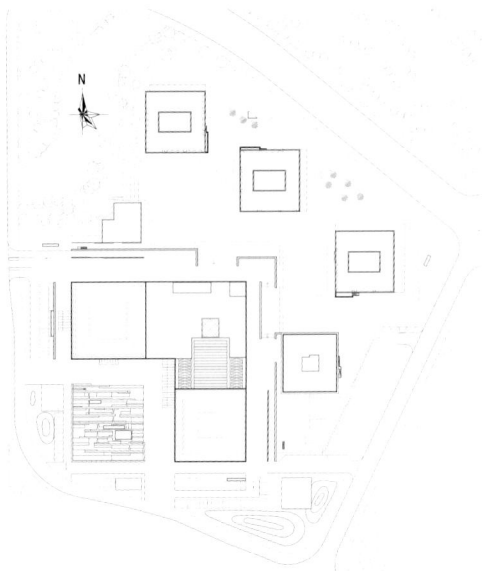

项目名称：保利商务中心
建设地点：广东省佛山市佛山新城1号地块中心区（办公楼、酒店、公寓楼部分）
建设单位：佛山市顺德区保利房地产有限公司
设计单位：广东省建筑设计研究院有限公司；
　　　　　德国冯·格康，玛格及合伙人（GMP）建筑师事务所
建筑设计：洪　卫、梁彦彬、丁漫原、邝伟权、温文浩、梁健文、吴立平、严小莹
总建筑面积：37.5万m²
总建筑高度：250m
建筑层数：地上办公塔楼55层、酒店塔楼27层及裙房6层、地上4栋公寓塔楼分别为30层、25层、21层、21层；
　　　　　地下空间3层
结构形式：钢—混凝土组合结构

总平面图

天灯意念实景

在城市建筑群中的位置

办公及酒店综合楼是项目建筑群中的核心标志建筑

高层建筑顶部设计了气派的天景空间，远眺如飞翔的天灯

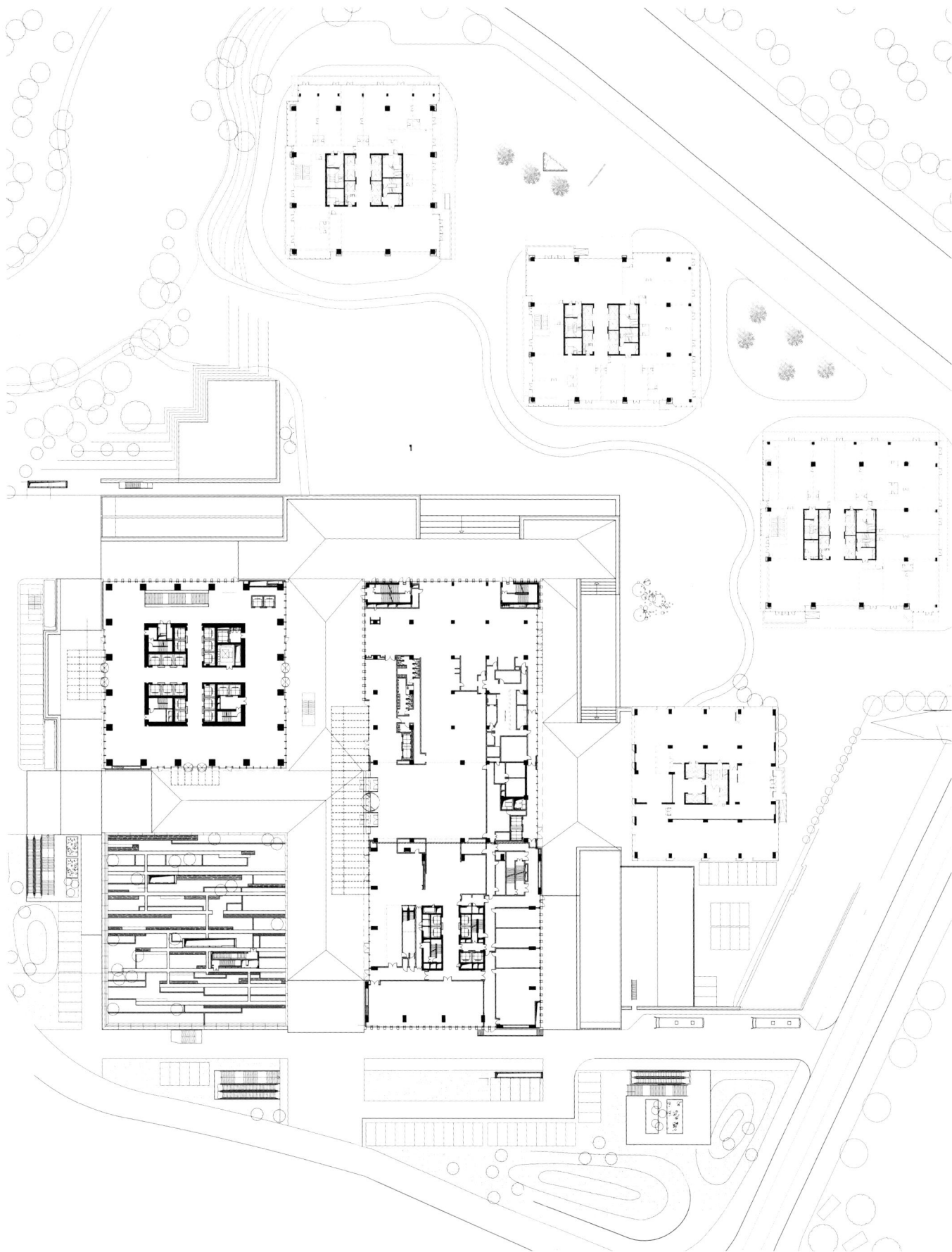

首层平面图

4.2.17 宗德服务中心
Zongde Service Center

宗德服务中心项目位于佛山新城中德工业服务区 CBD，由广东省建筑设计研究院有限公司与德国 GMP 建筑事务所联合中标并完成设计。项目为大型现代化城市综合体，由高端的涉外甲级写字楼、酒店式公寓与德国风情商业街三大板块构成，集商务办公、居住、商业、休闲娱乐、城市交通枢纽等功能于一体。

塔楼是由四个围绕核心的框状体块构筑而成，体现风车的形象，寓意着"风生水起"。建筑立面上镶嵌的空中花园将整幢塔楼分隔成段状体块犹如节节升高的"竹节"，不仅蕴含了美好的寓意，并且结合旋转的体块、强烈的雕塑感、错落有致的建筑体量，以及垂直结构的幕墙使其成为特征鲜明的地标性建筑。

宗德服务中心是一个建筑美学和工业美学完美结合的超高层综合体建筑，在整体设计上对工艺、尺寸、细部等要求极高，秉承了宗申集团对工业制造的精细要求。建筑形象外观充分体现了对加工制造精度严格把控的工业美学，用模数化实现了一个充满数理逻辑的工业产品。

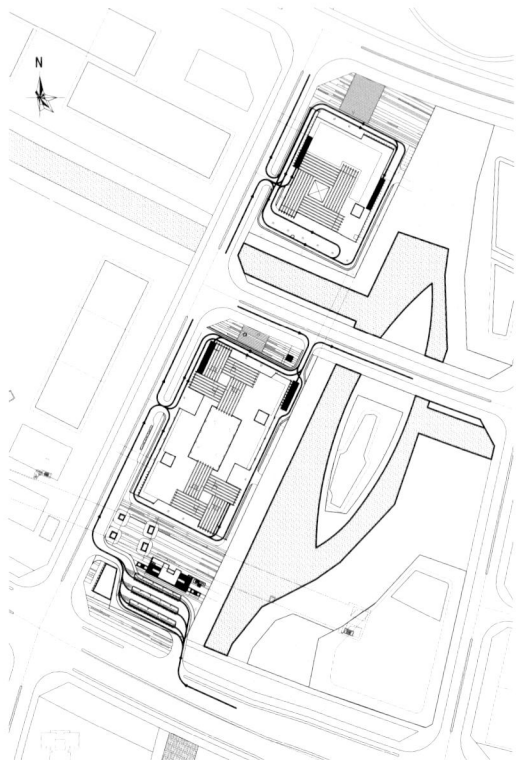

项目名称：宗德服务中心
建设地点：广东省佛山市东平新城
建设单位：佛山宗德投资发展有限公司
设计单位：广东省建筑设计研究院有限公司；
　　　　　德国冯·格康·玛格及合伙人（GMP）建筑
　　　　　师事务所
建筑设计：孙礼军、黄　佳、叶苑青、黄志校、曾国元、
　　　　　陈伟忠、赖钢明、全　星、谢蓝钰
总建筑面积：35 万 m²
总建筑高度：258m
建筑层数：地上塔楼 56 层，商业裙房 4 层；
　　　　　地下空间 2 层
结构形式：框架—核心筒结构体系

总平面图

日景

沿街低点局部实景

入口广场

二层风情商业街

北面整体实景

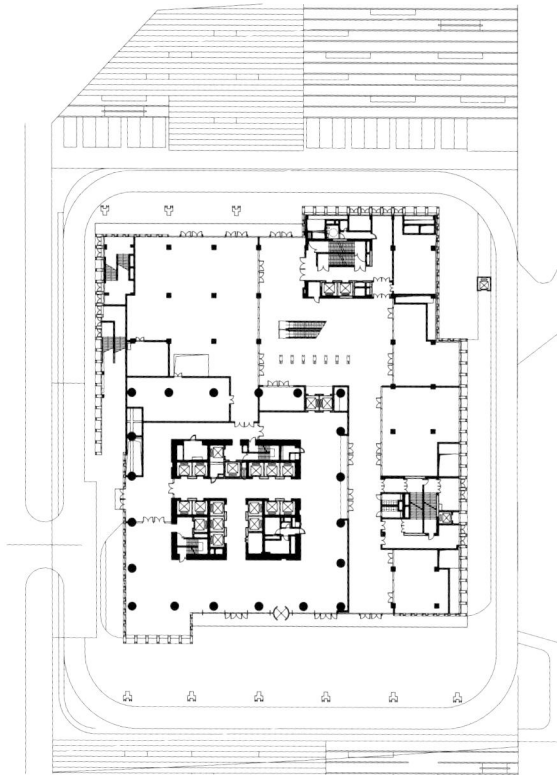

A区裙房首层平面图

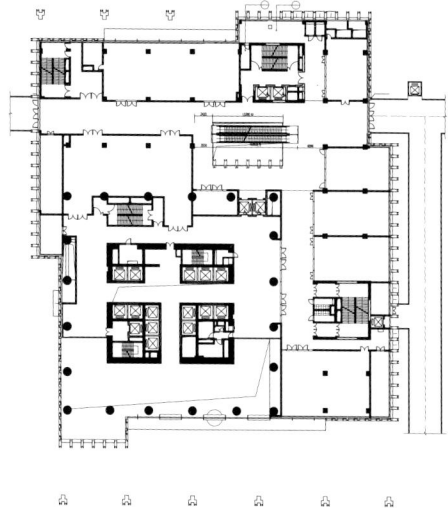

A区二层平面图

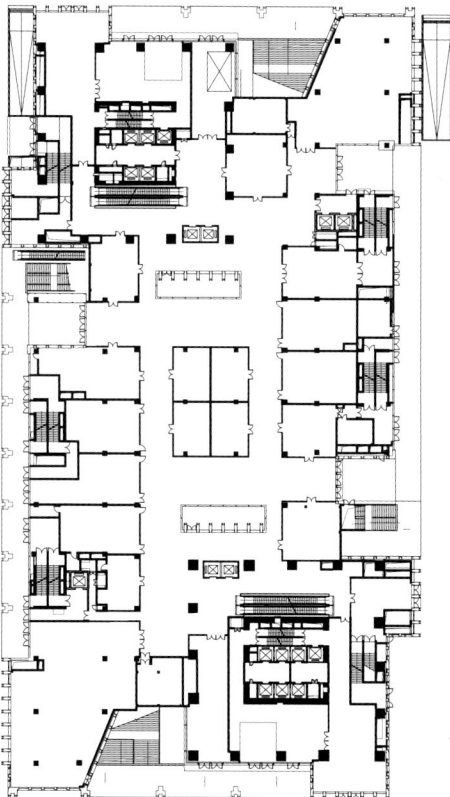

B区裙房首层平面图

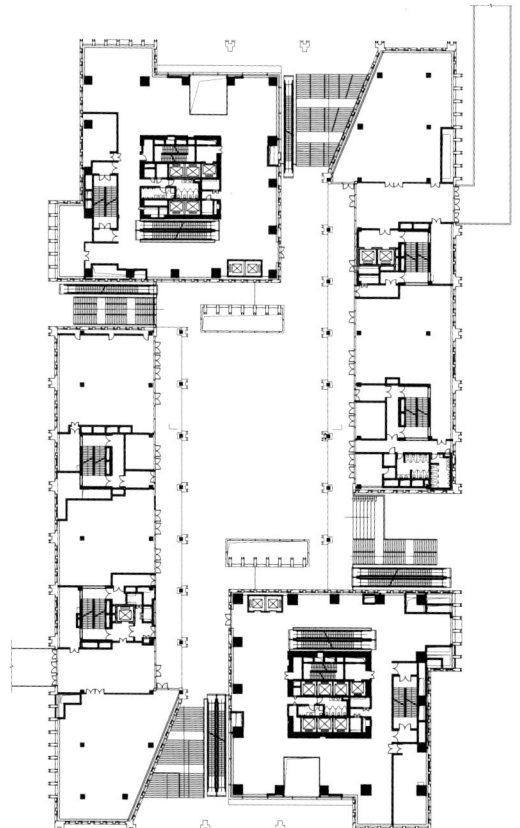

B区二层平面图

4.2.18 珠海横琴保利中心

Hengqin Poly Center, Zhuhai

珠海横琴保利中心位于珠海市横琴新区，定位为区域的标志性办公建筑综合体，投资和建设规模大，功能全面，定位较高，突出人性化、节能型、环保型和科技型的设计理念，执行绿色建筑三星级标准，是"新岭南建筑"的一次有益尝试。

建筑设计特色：

①白色横向百叶与玻璃幕墙共同构成适应地方气候特征的双层表皮系统，满足采光、遮阳、自然通风功能，创造具有强烈识别性的横琴风格。

②非均质的遮阳百叶与错位展开的开放式露台共同形成丰富多变的建筑立面。周边绿化露台与室内办公空间形成不同的组合，提供了办公空间以外有趣味、舒适的交流空间。

③主体建筑体型方正，正南北朝向。100mx100m 超大尺度建筑中心设有超大的天井，构筑风之通道。底层架空层与通风竖井相结合，风沿绿丘而上促进建筑自然换气。

④采用带巨型转换钢桁架的框架—剪力墙结构，实现"悬浮的空中立方体"，受力合理，用材少，性价比高。

⑤设计全过程应用 BIM 技术，利用建筑信息模型实现建筑、结构、机电等全专业协同，提升设计质量，指导实际施工。

⑥绿化屋顶、绿化露台、绿化天桥、绿化广场形成立体多维的绿化空间。绿色节能措施采用主动式与被动式相结合，获得三星级绿色建筑设计标识。

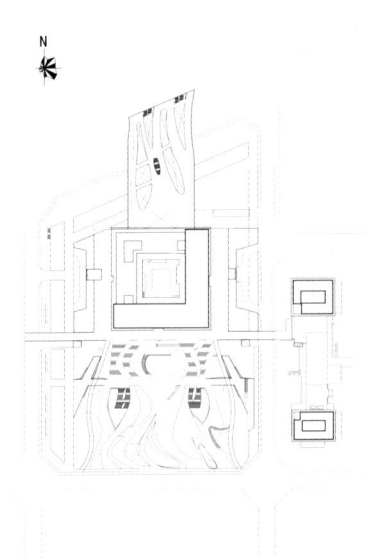

N

项目名称：珠海横琴保利中心
建设地点：广东省珠海市横琴新区
建设单位：珠海横琴保利利和投资有限公司
设计单位：广东省建筑设计研究院有限公司
建筑设计：陈　雄、牟岩崇、郭　胜、陈超敏、谢少明、林建康、
　　　　　黎昌荣、莫颖媚
总建筑面积：22 万 m²
总建筑高度：99.9m
建筑层数：地上 19 层，地下 1 层
结构形式：带巨型转换钢桁架的框架—剪力墙结构
曾获奖项：2015 年度广东省优秀工程勘察设计 BIM 专项二等奖；
　　　　　第十一届广东省土木工程詹天佑故乡杯奖；
　　　　　中国建筑学会 2017—2018 年度建筑设计奖结构专业三等奖；
　　　　　第十届中国威海国际建筑设计大奖赛银奖；
　　　　　2019 年度行业优秀勘察设计优秀（公共）建筑设计一等奖；
　　　　　2019—2020 年度中国建筑学会建筑设计奖公共建筑三等奖；
　　　　　2019—2020 年度中国建筑学会建筑设计奖绿色生态技术一等奖

总平面图

外表皮白色横向百叶与内表皮玻璃幕墙共同构成适应地方气候特征的双层表皮系统

裙房的绿化屋顶、塔楼的绿化露台、北侧的绿化天桥、南侧的绿化广场形成立体多维绿化空间

非均质的遮阳百叶与错位展开的开放式露台共同形成丰富多变的建筑立面

建筑体中心设有 40m×40m×100m 的露天天井

塔楼周边绿化露台

绿化天桥

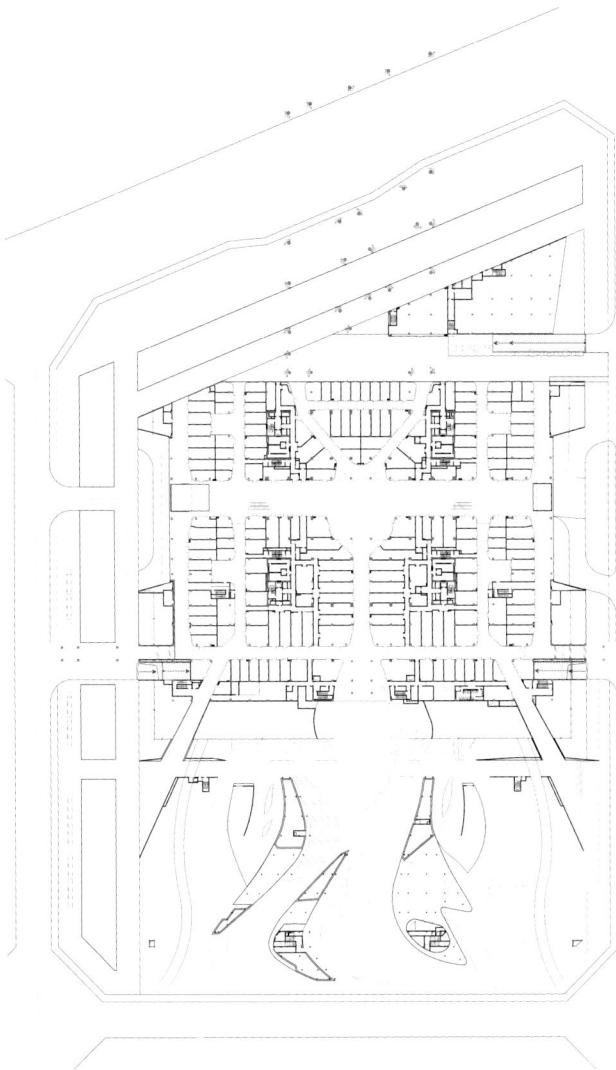

首层平面图

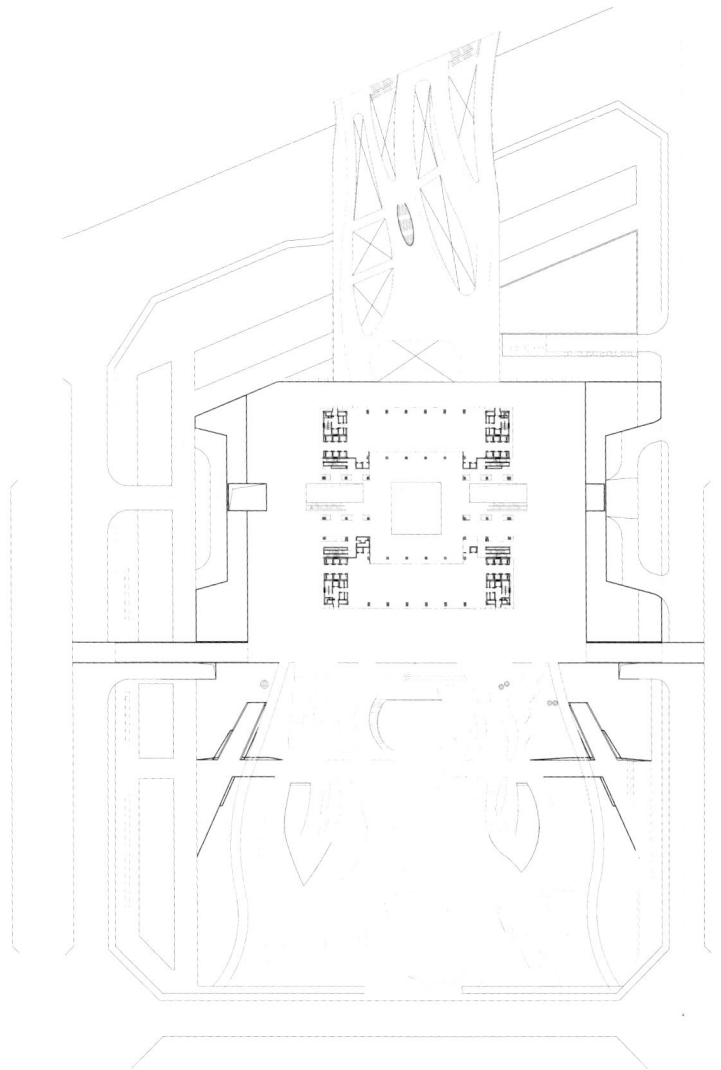

二层平面图

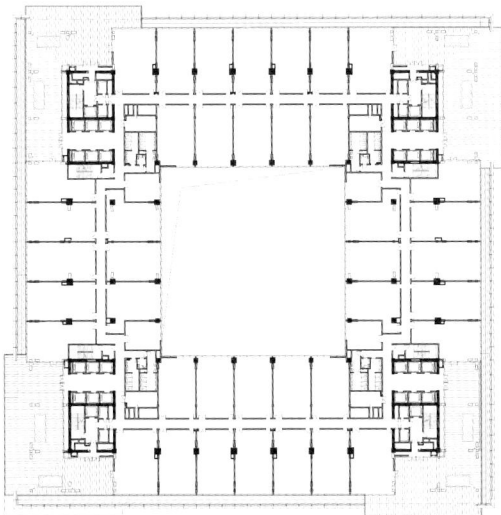

三层平面图

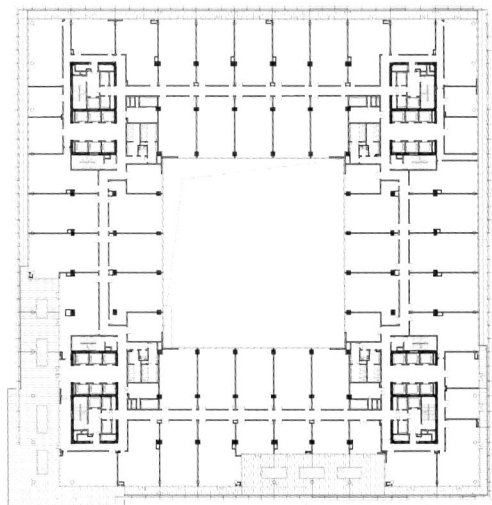

四层平面图

4.2.19　珠海横琴星艺文创天地（一期）

Hengqin Xingyi Cultural and Creative World, Zhuhai (Phase 1)

珠海横琴星艺文创天地（一期）位于珠海市横琴文化创意区，是珠海市重点建设项目。

项目整体设计灵感汲取了中华文化海纳百川、圆融贯通的精髓，体现了横琴包罗万象、继往开来的崭新姿态。它的形状是一只手心向上、手指微微合拢的手的意象，意在隐喻创造、包容、聚合、团结等积极意义。

在规划设计中，利用环形布局和规划水系，创造"中国心"公园与"文化环"，让所有公共流线围绕中心公园进行，既强化了空间的凝聚力和感染力，又使得各功能之间的联系变得紧密和流畅。"文化环"西面布置了三栋文化功能的塔楼，由北向南依次为文化主题酒店、文化工作室和寰亚传媒及文化公司总部。"文化环"东侧是文化主题场馆，容纳了"狮门"游艺馆、文化活动场馆、展览馆等多种不同的文化功能。"中国心"公园可为市民提供都市休闲娱乐空间，也可举办各式各样的室外文化活动。兼有排洪功能的景观水道穿过"中国心"公园，结合庭园，营造出一个绿色怡人的休闲环境。

在粤港澳大湾区协同发展的环境下，打造了一座绿色生态、独具特色、充满活力的"粤港澳——中国文化创意城"。

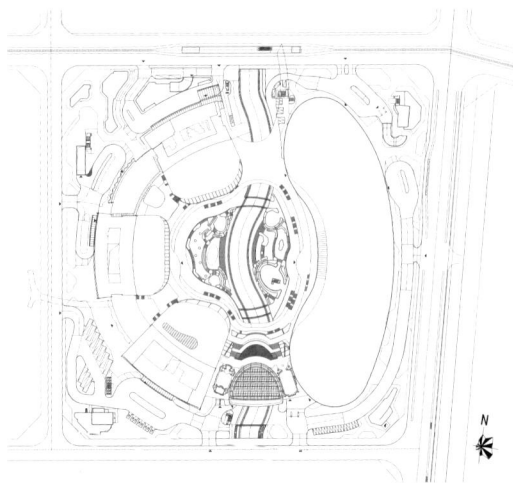

项目名称：珠海横琴星艺文创天地（一期）
建设地点：广东省珠海市横琴新区
建设单位：珠海横琴丽新文创天地有限公司
设计单位：广东省建筑设计研究院有限公司；
　　　　　凯达环球（Aedas）有限公司
建筑设计：李宝华、林和杉、卢筱艺、姚茵茵、林振华、
　　　　　司徒仲雯、卢仲天、孙海音、宋　宁、万晚霞
总建筑面积：393240.43m²
总建筑高度：98.95m
建筑层数：地上 23 层，地下 2 层
结构形式：框架—核心筒结构体系

总平面图

鸟瞰夜景 1

鸟瞰夜景 2

城市环境日景

入口细部 1

入口细部 2

"中国心"公园

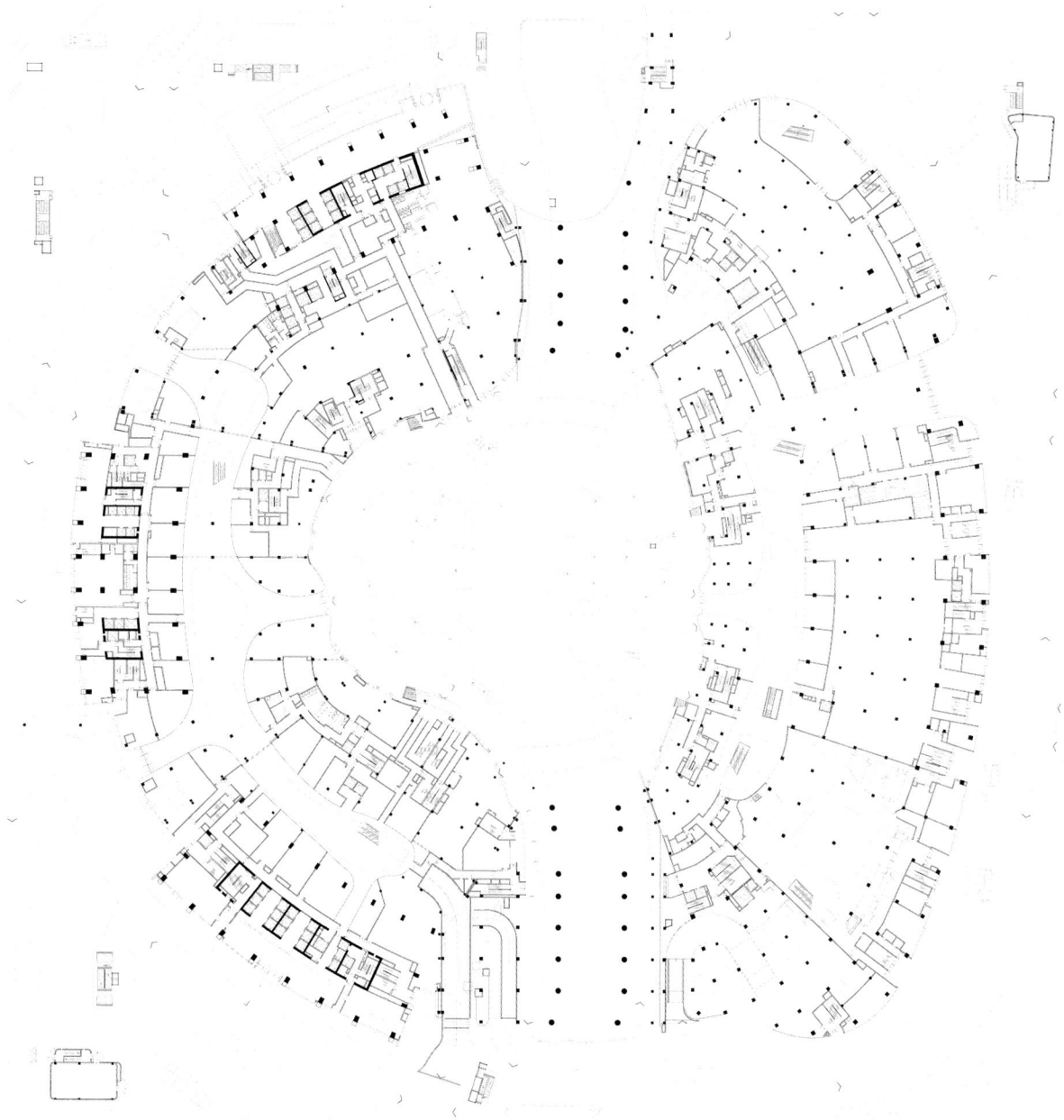

首层平面图

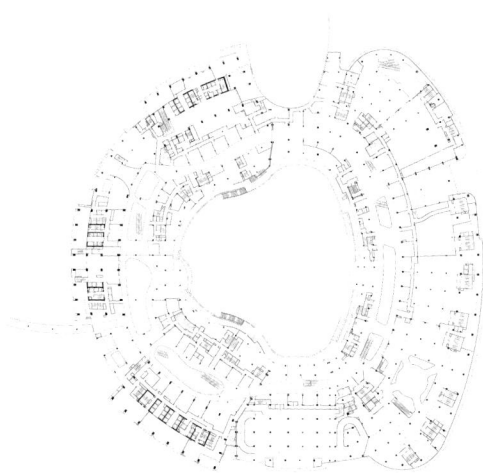

二层平面图

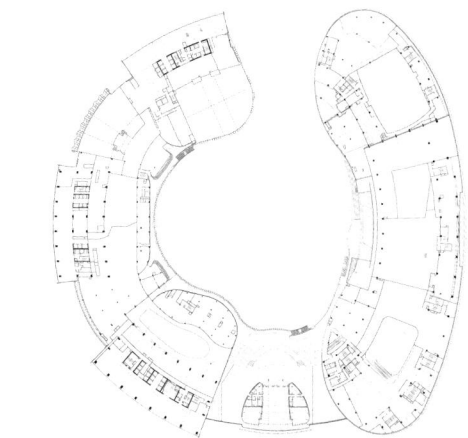

四层平面图

4.2.20　金湾华发国际商务中心商务区

Huafa International Business Center

　　金湾华发国际商务中心商务区项目坐落于珠海航空新城中心湖片区核心区位，与金湾市民艺术中心、金湾市民服务中心、金湾华发商都构造起一个极具未来感的城市建筑群，集成文艺体验、政务服务、休闲购物、商务办公等丰富业态。

　　项目作为珠海西部地区的第"1"高楼，华发国际商务中心西塔以210m的高度成功"出圈"，融入飞机机翼的流线型元素，构造空气动力学造型，寓意航空新城"乘风而起"，撑起了珠海西部城区的"天际线"。登上西塔楼顶，东边横琴粤澳深度合作区甚至澳门，将毫无保留地尽收眼底；南边，正在迸发着无限产业活力的金湾大地，也将一览无余。

　　凭借金湾航空新城极佳的区位优势，华发国际商务中心向外辐射影响力，其中依托金湾立体交通网络，不仅直达机场、港澳，还能与位于十字门中央商务区的珠海中心、位于横琴粤澳深度合作区的横琴IFC以及澳门观光塔隔空联动，成就"珠澳城市地标新走廊"。

　　这座闪耀的双子塔，其中高达210m的西塔，以及139.5m的东塔，均设计了38层的使用空间。西塔将垂直整合五星级豪华酒店、国际甲级写字楼、商业等业态，最大化发挥大楼的空间价值。东塔则以公寓住宅为主要业态。一至四层建筑面积约2.3万m²，以餐饮、文体娱乐、生活配套类为主；六至二十层将入驻国际知名连锁酒店品牌万豪，打造成为国际五星级豪华品牌酒店，配套高空泳池等二十二至三十八层将打造国际甲级写字楼，建成高层商务办公空间，成为配套产业发展的现代服务空间，提供优质办公场所及华发平台资源。

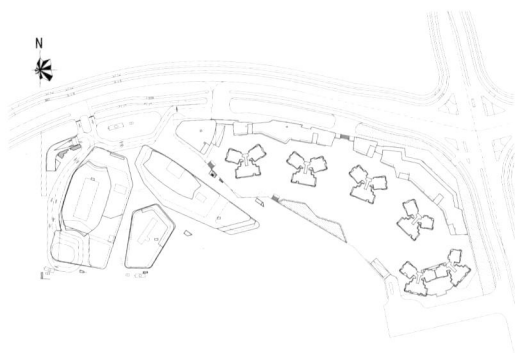

N

项目名称：金湾华发国际商务中心商务区
建设地点：广东省珠海市金湾区航空新城
建设单位：珠海华海置业有限公司
设计单位：广东省建筑设计研究院有限公司；
　　　　　拾稼(10DESIGN)建筑设计
建筑设计：陈朝阳、许成汉、陈　劼、陈文砚、廖焕文
总建筑面积：174269m²
总建筑高度：210.0m
建筑层数：1号塔楼38层（建筑高度210.0m），
　　　　　2号塔楼38层（建筑高度139.5m）；
　　　　　裙房5层，地下空间2层
结构形式：框架—核心筒结构体系

总平面图

鸟瞰日景效果图

低点日景效果图

低点夜景效果图

城市环境鸟瞰日景效果图

首层平面图

二层平面图

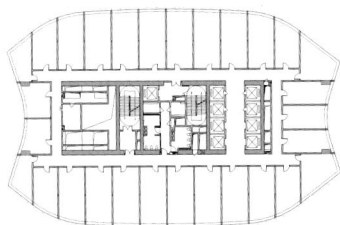

1号塔楼十三层到十七层标准层平面图

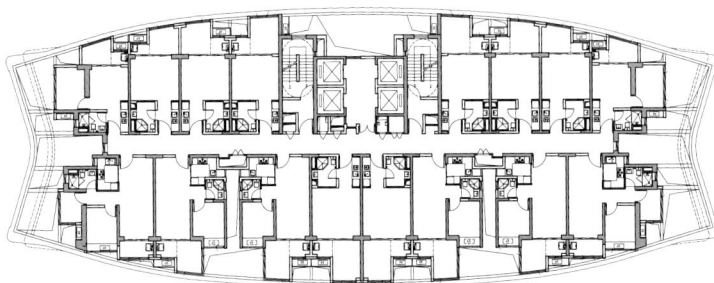

2号塔楼二十五层到三十八层标准层平面图

4.2.21 保定万博广场

Vanbo Plaza, Baoding

保定市作为河北省的副中心，北临首都北京，南接省会石家庄，以"保卫大都，安定天下"而得名。万博广场的建成，弥补了当地的商业业态空缺，并以其得天独厚的地理位置，成为保定首屈一指的城市商业航母，集合五星级洲际皇冠酒店、5A 写字楼及 12 万 m² 商业购物中心的城市综合体，极大地提升了保定的城市形象与商务品质。

保定万博广场集综合商业、办公、酒店于一体。建筑群体分为三部分：南区为 257m 的超高层酒店写字楼南塔，造型提取当地古莲花池的莲花符号，顶部采取三段式弧线收分的莲花瓣形态，其纯净神圣的挺拔姿态，赋予其浓重的地域色彩，富有标识性，已成为保定市家喻户晓的城市地标。中区为 12 万 m² 共 7 层业态丰富的大型商业购物中心。北区为与南塔遥相呼应的 120m 的 5A 级写字楼。南北相呼应的双子塔，结合中部典雅精致的商业中心裙房，勾勒出一道美妙磅礴的城市天际线。

根据当地气候及日照特点，屋面布置了太阳能光伏发电系统，体现绿色建筑、节能生态的理念。建筑外围护采取整体幕墙体系，涵盖多层次、多种材质的建筑外皮，如干挂石材、铝板、玻璃、金属饰条等，玻璃幕墙是 Low-E 中空玻璃，整体建筑营造出丰富统一的造型效果，同时也保证了出色的节能效果。

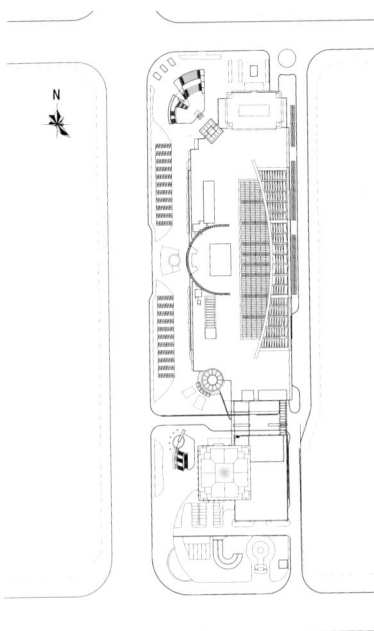

项目名称：保定万博广场
建设地点：河北省保定新市区朝阳路与东风路交汇处
建设单位：河北恒祥房地产开发有限公司
设计单位：广东省建筑设计研究院有限公司
建筑设计：陈朝阳、周 文、吴彦斌、黄继铭、黎国泾、
　　　　　杨 帅、谢思欣、吴隆伟、赖志勇、刘宝库
总建筑面积：369654.9m²
总建筑高度：257m
建筑层数：地上南塔 50 层、北塔 33 层、商业裙房 7 层；
　　　　　地下空间 3 层
结构形式：钢筋混凝土框架—核心筒结构

总平面图

西南角沿街日景效果图

西侧低点日景效果图

西北角沿街日景效果图

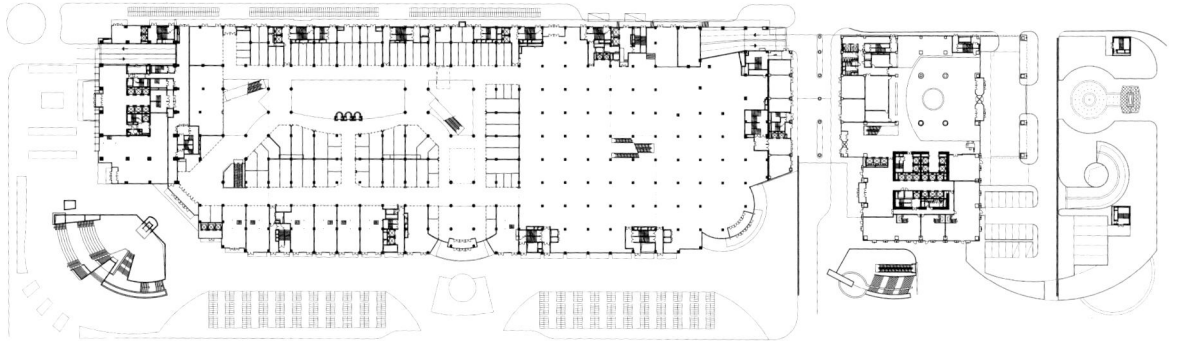

首层平面图

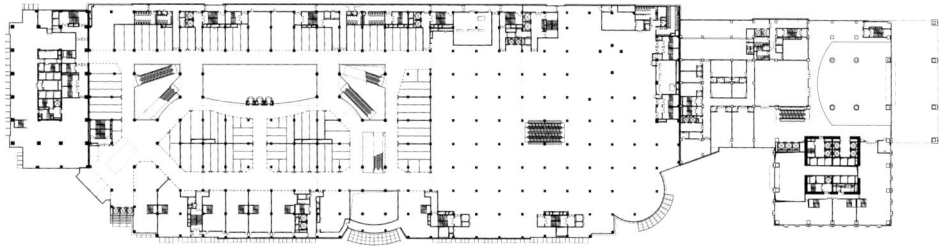

二层平面图

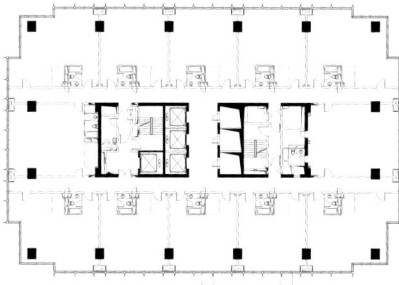

北塔低区标准层

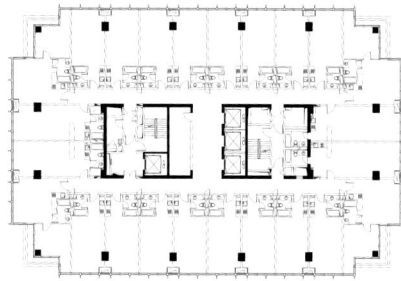

北塔高区标准层

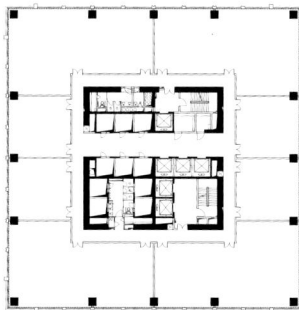

南塔低区标准层（办公）

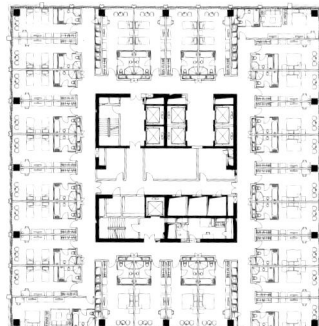

南塔高区标准层（酒店）

4.2.22 昆明西山万达广场
Xishan Wanda Plaza, Kunming

昆明西山万达广场是新一代城市综合体项目，包含办公楼、公寓、购物中心、五星级酒店等功能单体。项目B标段的双塔为南塔和北塔，建筑高度307m。项目从设计到竣工投入使用历时3年，并成为云贵地区的第一高楼，也是国内第一例超300m高的双子塔超高层建筑。双塔首层为层高10m的大堂，而十层、二十二层、三十四层、四十六层及五十八层为避难层（兼作设备层、结构加强层），其中南塔顶层规划了一个云中会所，其他层则为层高4.1m的办公标准层。

双塔外形从下向上先逐层变大，后又渐渐变小，立面为多个双曲面且层层向内退。昆明市花是山茶花，项目整体立面设计灵感便来源于此。建筑裙房造型以流畅的弧线围合，以石材与玻璃两种材质相互穿插，形成不同层次的肌理，赋予片片茶叶的形态符号。同时结合肌理变化的弧线设计种植植物，形成一片片绿色的叶子。双塔采用简洁的建筑手法，采用全玻璃幕墙的建筑立面，四向立面及四个建筑转角在简洁的玻璃幕墙上利用幕墙进退的关系，营造出山茶花花瓣造型的特点。

项目荣获第十二届第一批中国钢结构金奖，它是在8度地震设防烈度区，面对超深基坑、超软地基、超难结构、超高建筑等复杂情况下建设完成的精品建筑。双塔属于超B级高度超限结构，采用了钢管混凝土柱钢梁框架—型钢混凝土核心筒体系，设置钢结构伸臂桁架及腰桁架加强层。双塔基坑深达16m，其中的坑中坑则深达23m，创下云南省最深基坑纪录。双塔两块4m厚基础筏板60小时不间断浇筑完成，也创下了昆明市最大体积一次性浇筑量记录。

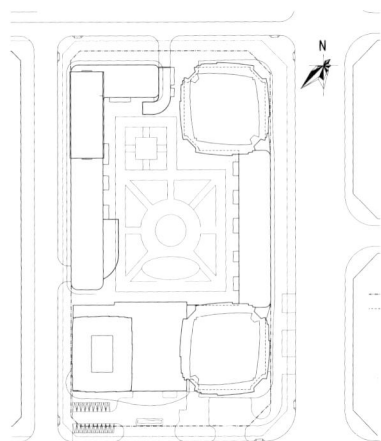

总平面图

项目名称：昆明西山万达广场（B标段）
建设地点：云南省昆明市西山区前兴路东侧
建设单位：昆明万达广场投资有限公司
设计单位：广东省建筑设计研究院有限公司；
　　　　　美国金斯勒（Gensler）建筑设计事务所
建筑设计：陈朝阳、孙礼军、周 文、黄继铭、曹 卿、侯卓伟、吴文凯、
　　　　　吴晋湘、徐 娟、黄昌业、扶裕华、罗志远、赖志勇
总建筑面积：460094m²
总建筑高度：297.3m
建筑层数：地上塔楼67层，商业裙房4层；地下空间3层
结构形式：框架结构（商业裙房和地下空间）；
　　　　　框架—核心筒结构（酒店）；
　　　　　钢管混凝土钢梁框架—型钢混凝土核心筒混合结构体系（超高层）；
　　　　　剪力墙结构（办公楼）

双塔楼日景

夜景

五星级酒店入口广场

办公楼入口广场

城市综合体夜景

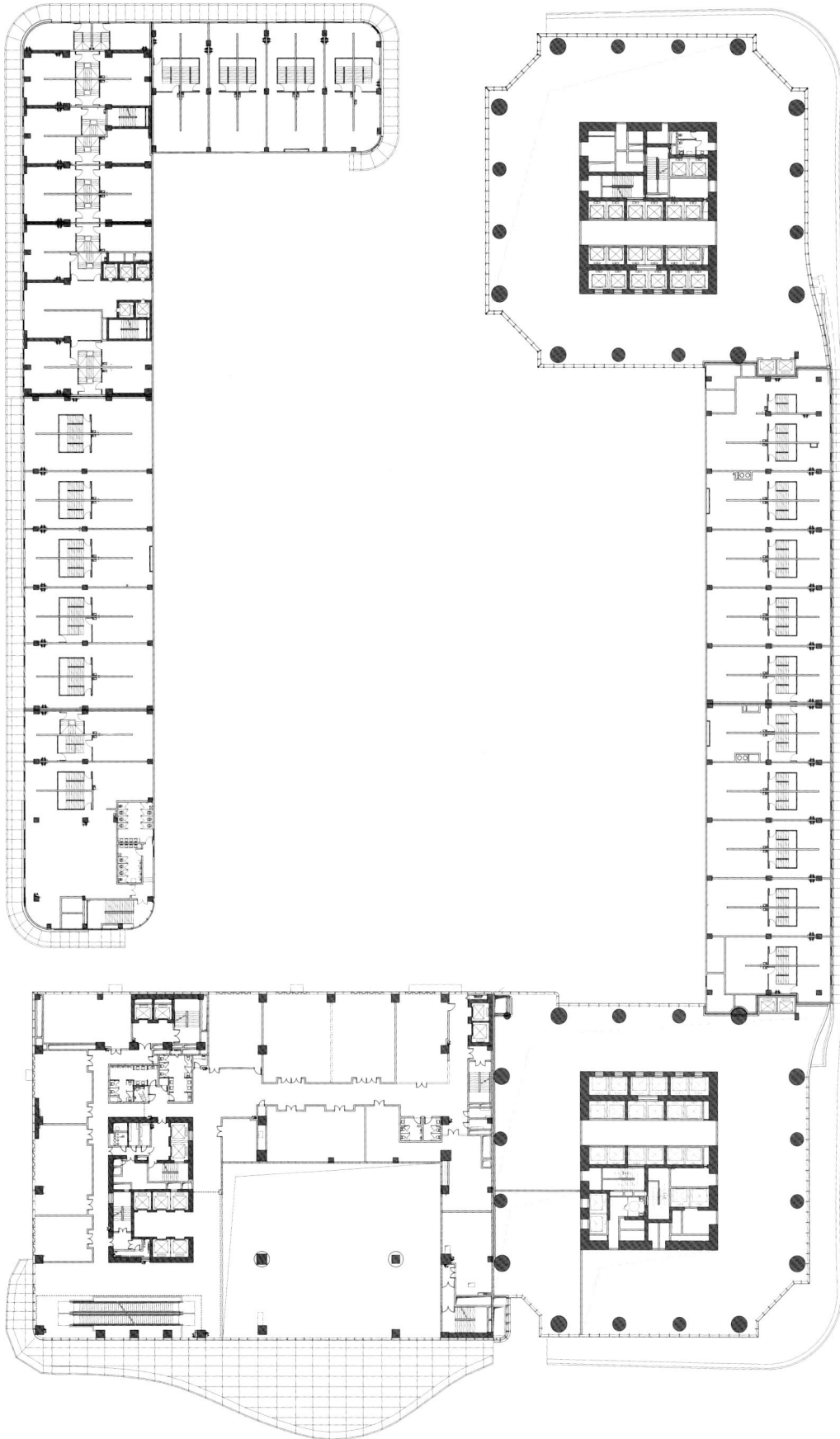

首层平面图

5 高层总部办公综合体建筑室内设计

Interior Design of High-Rise HQ Office Complex Building

5.1 高层总部办公综合体建筑室内设计概述

Introduction to Interior Design of High-Rise HQ Office Complex Building

中国城市化进程加快，各线城市的现代化、国际化程度随着时间的推演越来越高。在城市规划中，高层总部办公综合体建筑大多规划于城市的 CBD 中心区域，或重点经济规划用地上。其项目数量，也因其树立了城市名片、实际使用价值和给城市带来了巨大经济价值而日益增多。

不同于其他功能类型的公共建筑，高层总部办公综合体建筑其室内空间设计由于建筑本身所特有的性质与室内功能规划，适用人群和建造时高度、结构、机电、消防规范等多方面制约因素，大部分室内空间不能以前卫、夸张的理想化主义来进行装饰设计，需要结合平面功能和交通流线、装饰效率、绿色环保三方面综合考虑，以达到理想的装饰效果。

1）平面功能和交通流线设计

高层总部办公综合体建筑的室内平面功能设计应基于原始建筑现状展开设计。平面系统包括原始结构、平面布置、墙体定位、交通流线、消防分区等。设计师在拿到原有建筑结构图时，应读取以下几点信息：

（1）办公、酒店、购物中心等功能区域分布的信息。

（2）特殊功能房间的分布和尺寸信息（机房、档案室、卫生间、厨房等）。

（3）交通流线、消防疏散和消防分区的信息。

（4）建筑层高与梁之间的信息。

（5）原始建筑图纸对应承重墙和柱子之间的关系。

（6）原有的结构尺寸与门窗等建筑细部的尺寸。

从上述原始建筑平面布局及尺寸信息中了解项目概况，再结合业主需求通过平面布置图表达出完整的平面内容：交通流线、空间的布局、墙体信息、功能房间名称与面积、固定家具与软装的信息。具体空间的名称及设计内容后文将进行详细解读。

2）装饰效果设计

高层总部办公综合体建筑的室内装饰效果设计创意，应综合考虑地域文化、企业文化、时代特征、时代意念流向、装饰材质、美感和愉悦感、工程预算和工期等元素，以创造一个文化、和谐、舒适的办公环境。

（1）地域文化

随着不同地区城市化的发展，呈现一种高强度开发和高密度建设潮。巨大的建设量和批量化的快速建造导致形式的单一和文化的缺失。其空间形式及发展依然会受到当地城市的政策法规、生态气候、建筑技术及经济等诸多不可控因素的影响，所以建筑和室内设计应体现地域文化的特色建筑空间。高层总部办公综合体建筑为充分利用周边优越的地理环境，并最大限度地提高办公环境的开放性、灵活性和舒适性，总体布局一般形成中部水平舒展、两端高耸挺拔的建筑群格局。内部空间的设计往往延续外部建筑形象，贴合企业自身发展理念，突出地域文化。南方电网总部大楼，管辖南方六省电网，地处岭南腹地，其室内设计充分体现新中式、岭南风格。

南方电网总部大楼—董事长接待室

南方电网总部大楼—大接待室

南方电网总部大楼—小接待室

（2）企业文化

企业文化是企业的灵魂，是推动企业发展的不竭动力。它包含着非常丰富的内容，其核心是企业的精神和价值观。企业文化是一个有机的统一整体，包含企业的发展历史、未来发展意念、产业特征、人员构成、VI系统。

（3）时代特征、时代意念流向

广州电力设计院总部大楼，其室内设计充分考虑并融入以人为本的设计理念，紧跟时代发展的理念，紧跟流行元素，以科技发展的装饰手法指导总部大厦的建设。新总部大厦的启用，有利于企业形象塑造，适应企业未来发展，有力提升不同产业的创新集聚区的品牌形象及影响力，为各地加快构建不同产业的高度集聚，以科技创新引领产业的大格局提供了坚实助力。

广州电力设计院总部大楼—大堂

广州电力设计院总部大楼—前厅

广州电力设计院总部大楼—接待台

（4）装饰材质

同时，不可忽略对装饰材质的比较分析，设计师这样做能够更好地强化室内空间装饰语言，传达出与人接触的空间界面所被赋予的温度和表情。利用材料与人之间直观的互动关系，将各种材质的质地、肌理、反射度等因素综合表达出来，使高层总部办公综合体建筑室内公共空间装饰更富有温度和立体感，拉近与人的距离。

（5）美感和愉悦感（灯光、色彩、家具、挂画等软装信息）

办公室内的软装设计，是提升、美化室内布局的重要手段。灯具作为一种照明的实用工具，被当作装饰品用于现代室内的软装设计当中。和其他装饰品相比，灯具的可应用性更强，装饰效果比较明显，越来越多极具创意的新型灯具被用于室内装饰。家具的尺寸、布局取决于实用性需求，同时其色彩、造型与挂画等物品一样，也能点缀空间，营造视觉效果。

（6）预算和日程安排

不同项目业主在对待预算和日程安排上都不同。每位业主都有自己的预算，大部分业主对空间装饰效果的期望是与投入相匹配的。虽然并不是所有业主都有清晰的预算投入告知，但设计师必须清楚了解业主的投入费用额度意向。掌握这些信息，设计师往往能提出一些较好的解决方案，通过控制一个区域的支出来平衡另一个更重要的区域。通过预算与日程安排，除了能很好地展现设计方的创新能力，也能展示出其商业和社会能力。

3）室内绿色环保设计

高层总部办公综合体建筑的室内装饰设计在解决功能性和装饰效果问题后，装饰效果应与绿色节能、低碳环保、适宜办公为要点出发考虑。城市空间的立体发展和高层建筑户外空间拓展成为一种必然性，办公建筑出现的活动平台成为绿色公共空间的替代和补充，为办公人群提供了共享交流、休闲娱乐、生态节能等多种可能性的开放活动空间，主要目的是缓解人们长期在大型建筑中工作生活的心理压力。常采取如下做法：

（1）引入自然光线，自然通风。

（2）添加室内植物或引入室外视野的绿色。

（3）灯具采用LED节能灯，暖白色灯光更令人舒适。

（4）顶棚、地面、墙身采用环保装饰材料。

（5）材料色彩可应用黑白灰等和谐色系。

办公空间的装饰整体呈现不宜出现大面积高明度、高饱和度的红色和蓝色，红色刺激感官使人兴奋也易产生视觉疲劳，蓝色使人平静也可能使人抑郁。综上，高层总部办公综合体建筑的室内装饰设计应呈现温和、绿色环保的效果。

因此，在开始一个新的项目室内装饰之前，对设计师来说理解场地和了解所服务的客户同样重要。大多数的办公空间的设计原则是，同样的场所可在不同时期承载不同人使用，也能承载不同的商务模式。设计师不仅要合理地分配空间比例，还需要基于业主的建筑形象、地域地理位置、企业性质、文化、哲学、需求、心愿和预算来对空间进行设计。没有设计师能凭空捏造出完全符合客户使用需求的设计，设计师需要时常转换角色，从业主的角度出发。大部分业主也不能直接想象出最后设计所呈现的面貌，更不能明确表达出自己对空间所期望的效果。设计师需要明白每个业主单位的组成，理解业主的业务类别，针对每位业主的独特之处进行空间装饰设计。在辅助业主时，设计师往往采用象征性方式去展开概念方案。

5.2 高层总部办公综合体的公共空间室内设计
Interior Design of Public Space of High-Rise HQ Office Complex

5.2.1 总部办公大堂、首层电梯厅
HQ Office Lobby and Elevator Hall on the First Floor

1）总部办公大堂

大堂对整个总部办公综合体的重要性不言而喻，它是界定空间形象的重要因素，是一项重要的空间动线指标，因而也应有明显易辨的特性。大堂应展现独特的个性，结合内部的门厅、前台、接待区、展示区、电梯厅，把来访者对企业的形象、品牌、文化和愿景的好感度最大化。主景墙的设计应展示企业特色，符合大堂空间的接待中心的需求，体现企业整体服务水平和服务形象；大堂的设计以高档、新颖、展示性强为出发点，整体设计风格与外部建筑形态相协调，内外具有一致性。

设计大堂，还应和入口的雨篷相结合，这需要区别于商业空间和总部办公入口大堂。目的是快速将不同目的的人流分割，缩短人与目的地的距离。

后文将结合多个总部办公综合体项目实例进行分析，展示设计技术与企业文化相结合，探索新一代总部办公的规划设计思路，供业内参考交流。

2）首层电梯厅

人流从主入口到达前台，穿过接待大堂到达首层电梯厅，再经此，利用竖向交通输送人流。首层电梯厅延续大堂的装饰风格，是客人近距离观赏体验的重点；同时也是领导楼层和标准楼层电梯厅的装饰参照范例；其材料、颜色、造型保持与大堂效果一致。首层电梯厅设低层电梯、高层电梯和VIP专用电梯，分区：低区（一～十五层）、中区（十六～二十三层）、中高区（二十四～二十九层）和高区（三十层及以上）。低层电梯、高层电梯、VIP专用电梯不互通，其中VIP专用电梯可在高区进行转换。

高层塔楼电梯垂直运行模式或电梯的服务方式多种多样，可归纳为全程服务、奇偶层

停站垂直分区、中间转换厅和综合运行等五种运行模式或服务方式，选择合适的电梯服务方式，可提高电梯的运行效率。

5.2.2　中庭

Atrium

根据高层总部办公综合体的平面位置、空间形态和商业分布，中庭可分为下面三种形式：

（1）内院式中庭

内院式中庭是一种最常见、最典型的中庭形式，在一些大型高层建筑内部，内院式中庭仿佛是宽大的直通裙楼屋顶式的内院。中庭采光和面向各层敞开的形式为整栋建筑的竖向景观焦点。

（2）侧向沿街式中庭

如果在设计时，设计师有意把公共空间置于商业空间一侧，形成沿街中庭，并以大面积的玻璃窗向外展示，非常有利于提高内部空间的开放性，在这种中庭中向各层开放的走廊常常设计为层层后退的形式，显得错落有致。由于采光极好，又亲近室外，中庭可引入大自然的景色，让人置身室外。

（3）多中庭

总部办公大堂、购物中心、酒店大堂等内部通常设置中庭作为其公共空间的焦点，可利用高度、照明及装修等塑造空间张力，来加强企业形象、商业气氛、酒店的高端氛围，层与层之间的交流，自然光线倾泻而下，中庭承载人群休憩、逗留，各楼层扶梯联系动线一览无余，有效地将人流分散至各个楼层。

在中庭周围驻留时，各楼层之间的垂直交通联系也一览无余，更好地体现了动线交汇点的特征，以及中庭空间设置的艺术装置小品、植物、水景等不同形式的主题景观。这些不同空间的中庭可串通亦可分隔，在高层总部办公综合体建筑中形成多中庭的状态。如无限极广场的两个中庭，一个是办公中庭，另一个是购物中心中庭。

中庭设计在多层商业空间中是必需的，也是至关重要的。中庭多位于各条内部动线形成的交汇点也是人行活动最频繁处，它一方面供场所公共活动使用，如流行展示、动态表演等。另一方面，也是顾客等候与休息的场所，使其成为商业建筑的形象焦点。中庭设计中的屋顶采光，具有将购物者的视线向上引导的效果。

广州无限极广场—A 塔中庭

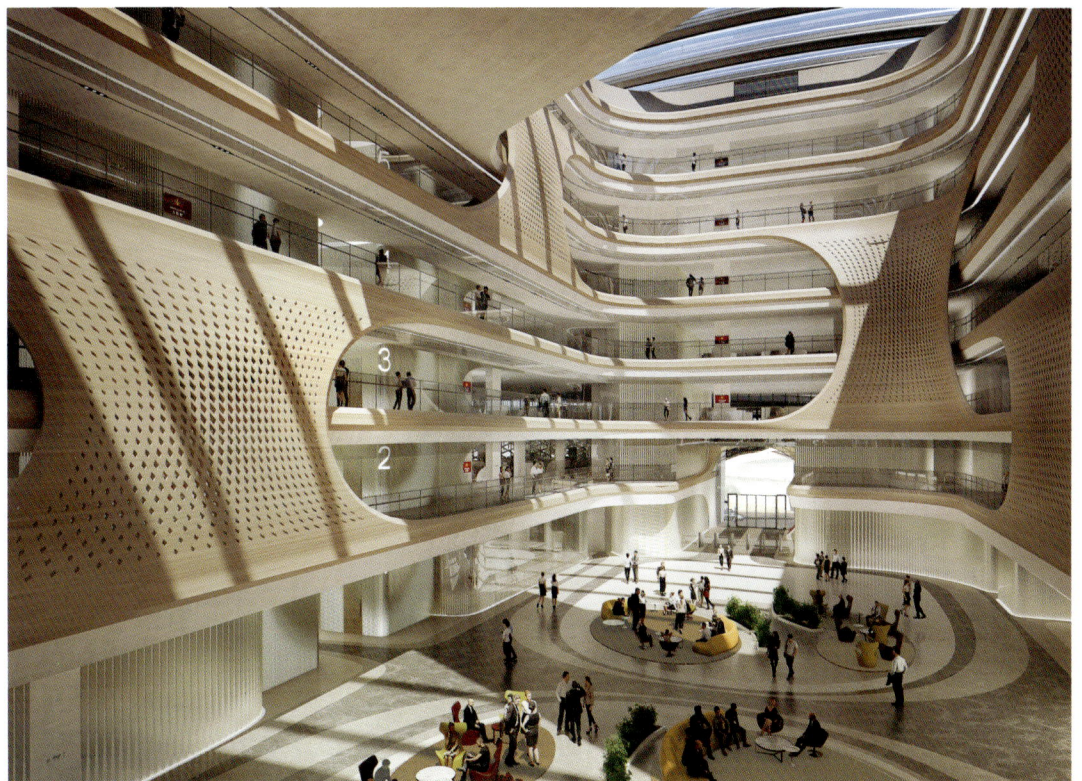

广州无限极广场—B 塔中庭

5.2.3　商业空间
Commercial Space

高层总部办公综合体的商业空间内包括办公、居住、旅宿、展览、文化、商业、饮食、娱乐、社交等为一体的综合性空间。高层总部办公综合体的空间设计包括两个方面：一方面是空间尺度设计，另一方面是空间形态设计。前者体现设计的人性化，后者则反映出空间的性格。总部办公综合体装饰跟随使用空间功能布局的不同而变化。公共空间是商业成败的关键因素之一。公共空间不仅提供了全天候的娱乐活动、文化展示等集聚场所，也在商业动线中扮演着重要角色，好的设计才能实现人流的高效组织，把外部交通和商业动线设计结合起来，实现各楼层和不同人流的商业价值最大化。

1）购物中心

购物中心往往不会让核心主力店占满某一整层，而是同时占据几个层面的一部分，一般都小于该层的二分之一。大部分购物中心会把餐饮安排于地下层或顶层。有的购物中心层层都有核心主力店，每层甚至有数个主力店。这样的布置可以让主力店在多个层面发挥作用，汇聚和引导人流到达更多的层面，提高同层的其他小商铺的商业价值。当地块形状为长条形时，购物中心的经验是将主力店设置于两端，将一般承租商户设置于中间的方式。当地块形状为 L 形和四方形时，购物中心基本是将主力店布置在中间，而一般承租户则围绕着主力店呈发散状分布。将主力店设置在中央地带，就能形成一个平面的商业核心，同时积极利用这个核心的人流吸引作用，达到人流聚集、发散的目的，不仅促进了一般承租商户的经营，也促进了主力商家的经营，实现购物中心商业元素之间良好的整体互动。

购物中心面宽直接影响商铺展示性，进而影响商家尤其是品牌商家的进驻决策。进深影响商户经营活动的开展，进而关系到商户的营业收益：从购物体验来说，店铺数量影响到楼层的整体品牌丰富度，店铺进深过大会带来消防问题；从消防规范的角度考虑，购物中心店铺进深宜控制在 16 ~ 18m 以内，除影院、超市等大中型主力店以外，零售商铺常见的面宽进深比为 1:2，一般不超过 1:3。

2）休闲娱乐空间（影院、KTV、健身中心等）

休闲娱乐空间的布局可与购物中心相结合，也可与塔楼顶部空间相结合。当布局与购物中心相连时，可布局电影院、KTV 娱乐场所和健身中心吸引人流。因营业时间的不同，通常会设置单独直达的垂直电梯和快速通道。当使用塔楼顶部的空间时，可能用作观光大厅、会所、餐厅、泳池及健身房等高档空间，要重视顶部空间的业态布局，多采用建筑先进技术，如旋转餐厅等，以实现塔楼顶部的高价值目标。

3）塔楼酒店

在高层商业综合体中，酒店是一个完整和复杂的系统工程。塔楼酒店客房层的设计，要从商业综合体整体出发，处理好塔楼酒店与综合体整体的关系及塔楼酒店客房层与酒店公共空间的关系，充分利用商业综合体的公共配套资源。

在高层总部办公综合体塔楼中，塔楼酒店客房标准层一般位于塔楼高区部位，到达酒店客房标准层垂直交通至关重要，要合理设置为酒店客房层提供服务的专用电梯组，以便酒店的垂直交通高效运行。

酒店应设置酒店大堂和总台服务设施，一般将酒店大堂和总台服务设施设置在首层入口处；也可以将酒店大堂和总台服务设施设置在塔楼高区部位，与塔楼酒店客房层垂直相邻；还可以将酒店大堂和总台服务区设置在塔楼顶部，以靓丽的城市风景吸引客人。

客房标准层规模应根据酒店等级、塔楼客房标准层面积、服务人员配置等多种因素综合考虑确定。客房标准间过多或过少，都不利于服务与管理，一般客房服务员每人服务的客房为 12 ~ 18 间。一般情况下，塔楼客房标准层的客房数量在 20 ~ 40 个之间。

标准客房单元的面积通常在 24 ~ 32m² 之间，可按酒店等级的标准要求选择。标准客房单元的开间尺寸为：经济级 3.6 ~ 3.8m，舒适级 3.8 ~ 4.0m，豪华级 4.0 ~ 4.5m。塔楼酒店客房标准单元的开间尺寸可根据塔楼柱网开间尺寸确定，一般一个柱网开间平分为两个客房标准单元开间。标准客房单元的进深尺寸（不含卫生间）一般为 4.6 ~ 4.8m，高档酒店可能高达 7 ~ 9m。塔楼酒店客房标准层的层高一般应为 3.3 ~ 3.5m。

酒店设置套房单元的数量因酒店等级不同而不同，大多数酒店套房单元的数量与客房总数的比例控制在 2% ~ 5% 之间。

塔楼酒店客房功能区的配套服务用房应尽量利用塔楼核心筒内的剩余空间，以便提高塔楼酒店客房功能区的使用率。

应按《无障碍设计规范》GB 50763—2012 在酒店客房层设置一定比例的无障碍客房，其数量应符合规范要求，如客房总数在 100 间以下，应设置 1 ~ 2 间无障碍客房。

4）公寓

高层塔楼的使用功能区域用作公寓住房空间，形成公寓功能区。塔楼公寓功能区与塔楼核心筒形成高层塔楼公寓标准层。公寓具有公共建筑和住宅建筑的双重属性，其居住功能相对没有住宅完善，可不设置独立厨房，无阳台，容许卫生间无直接对外通风采光。一般将公寓分为普通公寓、酒店式公寓和商务公寓三种类型，各种类型公寓均有其自身的特点。从公寓的空间类型划分，基本类型有平层和复式两种。

酒店式公寓配置了酒店全套标准硬件设施和酒店服务系统。既有酒店的性质，又相当于个人的临时住所。商务公寓是一种在公寓中含有商务办公性质的公寓形式，是一种在家工作的生活环境。商务公寓典型的示例是一种称作"SOHO"的公寓，其空间格局大多数采用复式，公寓内设有商务办公空间，有不同单元面积组合的套型可供选择。在综合体塔楼中，塔楼公寓层的竖向交通宜单独组织。塔楼公寓层可按其类型及特点布置在塔楼的各区段，当公寓层设置在塔楼中区及高区时，宜采用空中大堂做垂直交通转换。塔楼公寓功能区的公寓用房一般围绕塔楼核心筒布局，采用走廊联系各个单元，根据不同的套型面积需求和户型比进行组合，应控制塔楼公寓层的公共流线的便捷高效。公寓的开间及进深尺寸应按居住功能的需求，结合高层塔楼结构柱网的开间及进深统筹确定，公寓开间尺寸一般为 3.9 ~ 5.4m，公寓进深尺寸一般为 5 ~ 15m。塔楼公寓层的层高宜控制在 3.3 ~ 4.2m 之间，必须确保公寓套型内的起居空间的净高不低于 2.7m，卫生间及走道的净高不低于 2.2m。

5.3　高层总部办公综合体的办公空间室内设计

Interior Design of Office Space of High-Rise HQ Office Complex

5.3.1　门厅、前台、接待空间及公共走廊

Hall，Front Desk，Reception Space，Public Corridor

1）门厅、前台

门厅有着体现企业文化、奠定设计基调的重要意义。指的是办公空间的导入层，常设于首层或总部办公区域的最低层。这个区域包括前台、门厅、接待区，是来访者进入的地方，是企业整体形象的体现和办公空间的设计重点之一。此处空间都兼有交通和接待的功能，设计时需考虑交通动线的流畅及接待区域的安静。

门厅及前台的附加价值在于企业形象的宣传，因此，在商业和办公功能兼具的总部办公综合体中，基于企业形象宣传的附加价值，会在合理的位置设置前台及背景墙。根据不同的办公平面需求，前厅有封闭、半封闭、全开放几种形态。平面布局中，前台一般位于入口区域正对面，前台背后即为背景墙，侧面为前台，保证背景墙从上到下的完整性。空间中顶面与铺地设计统一。

背景墙的设计是办公空间最为重要的门面区域，其设计手法有以下三种：

（1）利用形态符号进行品牌主题塑造。设计师在设计前台背景墙、企业文化形象墙时，可运用某种形态符号语言，寓意社会某方面文化、各种造型元素的变形或情感表达。

（2）直接将企业的一些产品原型符号运用到背景墙的设计或前台桌椅的家具造型中，可以加强访者、合作伙伴和顾客对品牌的认知度，强调专业性。

（3）设计材质统一的背景墙，作为企业标识的背景存在，采用特殊的材质、形式和肌理，利用构成背景墙的形体和光线、颜色、纹理等其他元素，注重材质搭配、纹理质感和形式美，含蓄地表达企业性质，如潮宏基总部大楼的门厅的背景墙。

潮宏基总部大厦—总部大厦大堂

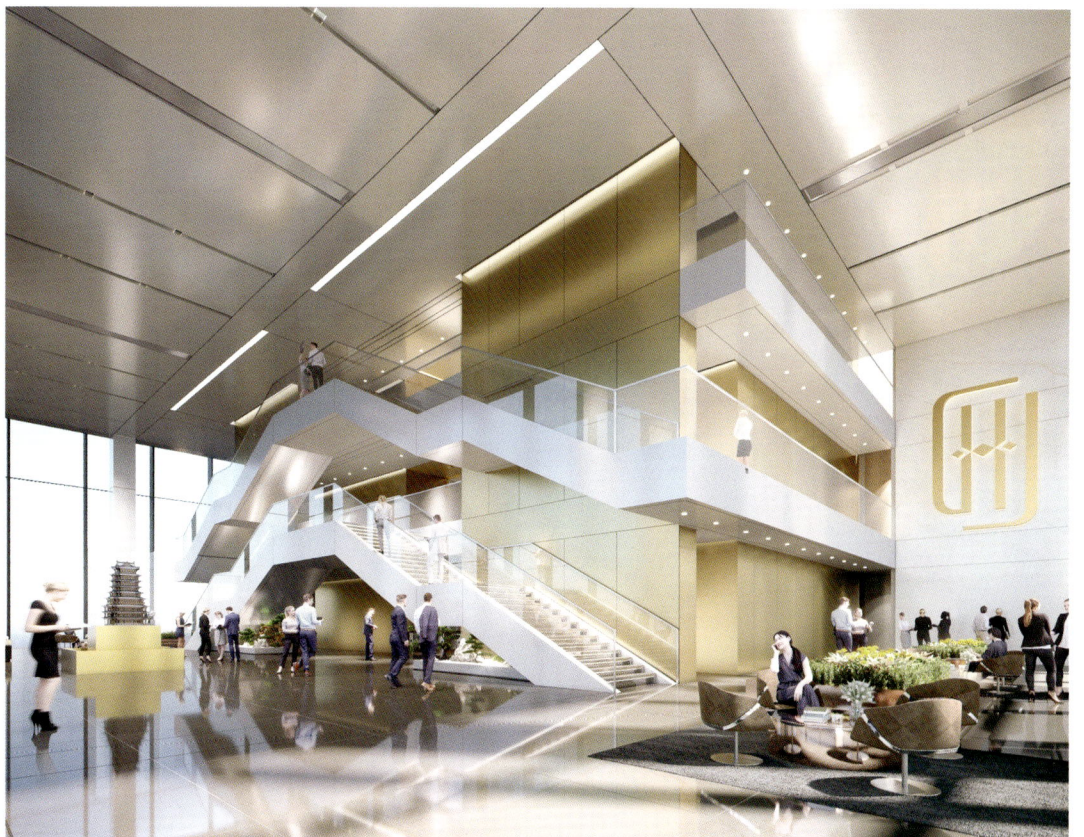

潮宏基总部大厦—总部办公大堂

2）接待空间

企业总部的每一个接待空间都是独特的，反映出公司的需求及特征。最重要的作用是给企业的合作伙伴及客户留下对公司深刻的印象，这样的印象是通过视觉给人建立的信服感。因为主要是对外办公的作用，从而企业会根据来访者的需求和业务性质等进行分类评估，在此之后把来访者带去不同规格的接待区。因此在主入口或其他交通节点的接待空间往往会安排专门的接待员。接待人员使用的工作台一般会根据公司整体设计风格和走向定制，摆放的位置也会在偏向入口门的一侧，提供面向入口的良好视角。

此处空间的家具本身的设计长度尺寸由平面空间来确定，由人体工学来确定。家具可考虑从办公家具厂直接购置，也可由设计师绘制大样图进行现场制作或定制。通常接待台使用的材料都为硬质材料，比如金属、石材、木材、瓷砖、玻璃等，主要与空间效果相符。

3）公共走廊

公共走廊，也被称为主循环流线或出口方式，根据需要，各楼层必须设置。在多个租赁空间共存的楼层上，公共走廊除了是使办公空间从建筑物中"分离"出来的一种方式之外，还提供不同方式从办公空间进入核心筒空间，如洗手间或者其他类型空间以及消防疏散楼梯井等。

走廊宽度的最低要求须符合防火规范的设计要求，走廊的形式分为：Z字形走廊、环形的或包围型的走廊、尽端式走廊。Z字形走廊通过电梯大堂提供的最短路线通常用于连接所有核心空间要素和出口的楼梯井。某些规范允许一个Z字形走廊，环形走廊环绕核心的一端或两端。这是允许不通过电梯厅而到达两个楼梯间出口的一种处理手法，环形走廊通常提供捷径，使得用户从办公室或核心区域内一个点到另一个点时，不必穿过整个办公区或者电梯大堂；在安装了灭火系统的建筑物中，当一个核心空间要素，如设备间位于核心的尽头，哪个房间的门会朝用户空间开启，以避免通过扩大公共走廊而创建一个可到达的尽端走廊。所需出口数量被确定之后，规划那些开向公共走廊的门时，必须考虑三个主要因素：分散密度、开门方向以及间距。

5.3.2 展览中心
Exhibition Center

企业总部通常配置有展览中心，也称企业展厅。主要便于接待相关同行、客户、领导及媒体从业者等，达到技术交流与宣传的目的。

展览中心展陈内容涉及：展厅门面、企业的介绍、企业的发展历程、企业的核心技术、企业的文化、党建文化、案例等。因此，展厅的陈列设计与声音、灯光配合严谨，展陈的内容应按照业主需求排布。有的企业的偏好涉及科技智能化系统，这与传统的展陈方式布展不同，需音响、灯光、智能化专业的配合。装饰设计风格也需符合企业办公总部的整体风格，及企业理念。华为总部大楼的5G展厅，陈列设计与声、光相配合，取得了较好的展览效果。

华为总部大楼—哥伦布 5G 展厅

华为总部大楼—伽利略 5G 展厅

5.3.3 会议中心和培训中心
Conference Center and Training Center

1）会议中心

会议中心的建设标准、建设要求与企业总部的实际使用需求息息相关，可承载多种功能的变化使用（满足大型舞台演出、会议、宴会等多功能厅），是一座现代化、多功能、智慧型的总部办公大楼不可缺少的一部分。

会议中心通常集中在第二、三楼层，足够规格的商务洽谈中心（圆形国际会议厅）、分区会议厅等是会议中心的标准配置。有大到千人的多功能大会议厅，也有各类可容纳几百或几十人的阶梯会议室、视频会议室、电视电话会议室、中小会议厅。会议系统是会议中心的重点，整个会议系统要求达到自动、美观、效果出色；对于音频扩声系统，如何解决专业扩声音箱与环境的完美融合，同时又确保出色的音质表现力，是整个系统的设计重点。

会议室在一般情况下由四个部分内容组成：桌子、椅子、书柜或其他家具，以及一些视听工具或用于交流的设备。会议室的不同之处源于形式和大小的分类，会议室之间的功能不同，所以无法做到真正的模式化。除了标准层的会议室在布局、装饰、系统、技术上无甚差别，企业一般都拥有一个主会议室。

会议室的室内设计里，会议桌的长度和直径基于所坐人数，同时兼顾椅子的尺寸。在满足上述使用需求的情况下，剩余的空间为流动空间，必须增加比例相应平衡的流动空间来确保椅子的移动和人的走动不会受阻碍。会议室的设备可能涵盖电话、显示器、摄像头、电子标记板、电视会议设备。值得一提的是，会议室的这些功能使用需求和设备选取由设计师和业主商讨，不由设计师指定。

2）培训中心

培训中心集中在一个楼层，紧贴会议中心布局，规模较大的公司有专门的培训中心，包括：阶梯教室、视频教室、实验教室、可灵活布局的培训室、小培训室。

5.3.4 顶层办公区
Office Area on the Top Floor

1）接待厅

顶层办公区的接待厅的功能是迎接或欢送重要客户、上级领导。接待厅的设计应符合公司形象，体现公司水平，一般会根据公司整体设计风格、董事长的喜好进行装饰，体现其核心重要的效果。位置也会设置在面向电梯厅，入口门的一侧，提供面向入口的良好视角。

2）接待室

目前企业内部都会设置贵宾接待室，规格大小各有不同。不同来访人群，使用贵宾接待室的要求也是不一样的，但是主要目的都是为了更好地提供服务，通过接待室能更好地接待每一位重要的宾客。贵宾接待室的存在，能够给贵宾提供更安静的休息环境，给贵宾带来更好的体验，留下好印象，这样才能提升企业的形象，对于高端客户来讲，贵宾接待室提供了更方便的交谈会晤场所。

3）董事会议室

企业总部的领导层办公空间里一般包括董事会议室。一个大的董事会议室通常都具备合理的比例，设计非常详细，也能在其中找到很多可供选择的设备，且都很宽敞，往往能容纳 20～50 人。这个房间的使用限制严格，只服务于高层管理会议。

景观面的设置在此也十分重要，景观面会成为整个空间中的设计亮点。通常董事会议室都有一面玻璃窗提供自然光和不错的景观视点。与此同时房间的宽度、深度、遮光措施需要严谨地计算，避免造成采光不足或损毁设备的情况发生。

4）董事长办公室

董事长办公室属于企业最高级别的高层办公室，面积于企业领导办公室中为最大。功能空间包括办公区、会客区、休息区、卫生间，如有需要还可设置小型水吧。家具的选择和尺度应以实际董事长办公室的使用需求为准，家具需符合人体工学要求，可进行定制化设计。

5）领导层办公室

领导层办公室一般在 $30m^2$ 以上，属于大尺度办公空间，多为董事、总经理或者其他高级管理人员使用。在一个大型企业办公空间中这些人的人数并不会太多，办公室一般占据靠近建筑外侧的端角位置，占据两个窗户开间尺度的面宽。单间办公室的视觉界面一般情况下只有四个面，其中一个面为窗户，因此主立面为办公桌后面的背景墙。依照常规的平面布局，背景墙为装饰墙面，使用饰面材料（木饰面、彩釉玻璃、墙纸、硬包等），也可用书柜作为整体背景墙的一部分。

考虑到办公时的书写、阅读需求，窗户需用百叶、卷帘等方式进行遮光，一般不用窗帘，窗帘过于居家。另一侧墙面可结合沙发等会客空间进行处理。根据办公性质，也可在墙体的装饰面上选择可书写的材料进行饰面，如白板、书写涂料、软木等。家具陈设有：书柜、办公桌、沙发组合，以上三类一般与窗户呈垂直角度分布。

5.3.5　标准层办公室
Office on the Standard Floor

高层建筑的标准层，是高层建筑的实质和本质载体，是其中一项重要的组成部分。高层建筑的标准层的定义是相同空间组成的楼层竖向叠加，这部分空间重要的原因在于它占据了整栋建筑主体大部分的面积。建筑越高意味着标准层数量越多，而企业总部标准层有一系列几乎相同的公共电梯厅、公共走廊、门厅、部门领导办公室、部门会议室、职员办公室、休闲区、茶水间、卫生间等空间。

标准层构成的形象优劣在一定意义上反映了高层建筑的整体品质。影响标准层的室内设计因素包括：

（1）使用功能。

（2）核心筒结构设计。

（3）层高制约。

（4）经济因素。

（5）安全因素。

使用功能与平面布局相联系，布局内容有员工办公区、领导办公区等前文提及的企业总部标准层所拥有的区域，每个空间都能画出多种类型的典型平面布局，但太多的典型平面布局无异于失去标准层的特征，通常室内设计师会为某种空间提供 2～3 个典型布局，然后为每个不同尺寸的房间提供可选的家具。标准层的室内布局既能很好地消化以核心筒为基础的结构设计、解决多楼层的层高问题，又能满足造价经济的合理化，提升经济效益，从而充分利用资源，控制投资。在发生火灾危险时，标准层的优势体现在各种防灾措施的安全性和人员疏散的顺畅性。

5.3.6　员工餐厅、休闲空间
Staff Canteen, Leisure Space

1）员工餐厅

员工餐厅是企业关注员工生活的体现。企业关注到员工对饮食的需求，以及同事间不时的交流，或者是为了储备精力而进行的短暂休息，大部分的公司和企业会提供某种类型的餐饮空间。餐饮间所提供的食物规格：小到咖啡，大到提供全套自助餐。这种餐饮空间的大小和选址很大程度上取决于建筑位置，企业的规模和经营理念。每一种选择都有相应的优缺点，因此，员工餐厅的设计方案需考虑到业主的目标需求和财务预算。

员工餐厅所提供的食物品种和使用目的不同就产生了不同的功能场所。

员工餐厅包括开放式就餐区、包房区、食品室、咖啡室、贩卖室、午餐休息室、员工休息室、自助餐空间、清洗区、垃圾回收处。厨房是员工餐厅的一部分，一般为采用炉子、大灶或烤炉等设备烹饪食物的场所。按照相关建筑条例的规定，厨房必须提供经由排气扇至建筑外部的通风设备。此外还应满足相关建筑许可条例、当地卫生部门对厨房的其他要求。

2）休闲空间（健身中心、KTV、电影院、棋牌室、游戏室）

就现在的劳动者而言，工作场所和生活的关联程度已非常高。所以，企业考虑到员工的身心健康状况，在总部办公区配套设置了减压用途的健身休闲空间，如健身房、咖啡室、KTV、电影院、棋牌室、游戏机室等。其装饰设计应与各部分空间属性相协调，在以舒适为主的前提下，设计时可采用新颖、年轻化的处理手法。员工的工作和生活在办公空间里达到一种平衡和放松，KTV房的功能也可被用于招待客户。广州无限极广场的健身中心和广州报业中心的游泳池是企业内部休闲空间的示例。

广州无限极广场—健身中心

广州报业中心—游泳池

5.4　高层总部办公综合体室内设计原则
Interior Design Principle of High-Rise HQ Office Complex

人通过视觉、听觉、嗅觉、触觉感官，反映到大脑来实现氛围感受，人们对客观世界的感觉经验 85% 以上来源于视觉的信息积累，因此构成典型室内 6 个界面的色彩、造型、材质和心理环境等就成为设计中主要考虑的内容。

5.4.1　高层总部办公综合体的室内色彩原则
Interior Color Principle of High-Rise HQ Office Complex

色彩是最重要和最具表现力的设计元素，根据滝本孝雄和藤沢英昭的《色彩心理学》一书，从色彩的视知觉、色彩特性、色彩调和三方面出发进行色彩原则整理，研究分析高层总部办公综合体的室内色彩原则。

1) 在色彩视知觉上应选择浅黄色的表现形式

人的色感可用色彩三属性——色调、亮度、饱和度表示。色调分为十种，红、黄、绿、蓝、紫五色是基本色，黄红、黄绿、蓝绿、蓝紫、红紫五色是间色，而色调中的红色调过于激烈，蓝、紫在超高层建筑中的感受会偏压抑，因此，根据十种色调自身的属性，应以黄色调作为主调；在确定了色调基础上，需要进一步确定亮度和饱和度，明灰的亮度以及低饱和度更能够凸显项目公共空间的定位。

2) 需要根据自身定位选择恰当的色彩属性

每一种色彩都具有特别的特性，其特性会给所属物体赋予相应的特性。例如受众可以通过物体表皮的选色带来温暖、寒冷或凉爽的感觉，暖色系会给人温暖的感觉，冷色系会给人带来凉爽，同时也有非冷暖倾向的中性色系这三类，从色的立体考虑，公共空间的室内装饰设计中性色最为合适。

色彩的色调、亮度、饱和度直接决定色彩的胀缩和前后，决定物体在视觉上的大小和前后。暖色、亮度高、饱和度高的色彩呈现前进性，反之呈现后退性。因此在公共空间室内装饰设计上，需着重强调的部分应该提高亮度、饱和度和选择暖色调。

3) 需要单纯和谐以及大面积低饱和度色彩调和

调和色彩的和谐追求、愉悦而平衡的色彩调配，进而程式化，理想化。然而这种和谐是一种动态的存在。简言之，不同色彩之间相互作用又互相影响产生不同的空间场域状态，所以，很难断言达到最终和谐的单纯唯一色彩。从这个意义上说，色彩的调和只是色彩和谐的通常规律，作为调配色彩和谐的基础。

综上所述，以色彩知觉、色彩特性、色彩调和三方面为基础，整理出的适用于高层总部办公综合体的色彩原则：应以黄色调为主调，明灰的亮度以及低饱和度更能够凸显项目定位；从色彩的立体感觉考虑，公共空间的室内装饰设计以中性色最为合适；调和色彩达到平衡的色彩调配。

5.4.2 高层总部办公综合体的室内造型原则
Interior Modeling Principle of High-Rise HQ Office Complex

1）室内空间需具备宜人的设计尺度

室内空间的体量和形态完美塑造，依赖于统一的空间标准和优越的空间尺度平衡，是空间造型审美意趣的立足之本。然而，大部分的高层办公建筑受限于建筑本身对结构的影响，其底部的建筑构件与顶层相比，往往尺度较大，容易对人产生压迫感。因此，对于高层总部办公空间内部的造型形式，尤其是受结构因素影响颇高的建筑部件，需要在客观规范、承重要求及审美意趣之间找到平衡，使内部空间细部的尺度更加宜人。

2）室内装饰设计需呼应外部建筑的体形结构

公共空间的室内装饰的立体造型形式作为实用和审美共同作用的整体，无论是为美感而摒弃功能，抑或是忽视形式而单纯以物质状态存在，都是设计需要避免的。这种造型的平衡是标准也是目标，意味着各空间立体造型要素之间既有配合又各有区分。空间的平衡是一种对大小空间要素有序组织的规则。

3）恰当的节奏与韵律

恰当的节奏促成了韵律的诞生，而这一切基于秩序感。通常，好的秩序塑造恰当的节奏，节奏间的空白、拼接形成空间的韵律。不同的秩序刻画多变的节奏与韵律，进而营造出不同的空间感受、丰富的场域体验。在公共空间的室内装饰中，通过节奏与韵律的变化来调节相同造型形式的空间元素是设计师常用的设计语言。运用变化统一的手段，有机组合造型变化，使多样的室内装饰造型设计既发挥各自的特点，又统一在同一风格和基调之中，进而使整体造型与建筑取得协调。

4）鲜明的形象特征

事物的复杂性可增强人们的好奇心。除了对社会价值功能性的追求，千变万化的环境也无形地要求超高层办公建筑的公共空间有着匹配的形象特征。即便是相同的造型结构，南橘北枳，在两极环境的映衬下也会产生鲜明的性格差异。因此，合理选择与环境契合而独特的造型结构成了设计空间的重点。随着周边体量、角度、色彩、尺度、明度、冷暖等多维度参数的改变，室内造型装饰效果也在不断被丰富和拓展，同时因人的参与而被赋予更多的趣味，引起使用者的强烈兴趣。因此，公共空间需要在明显部位适度增加丰富造型，体现项目特色，增加空间记忆点。

5.4.3 高层总部办公综合体的室内材质原则

Interior Material Principle of High-Rise HQ Office Complex

通过对材质的研究和设计，能够更好地强化室内空间装饰语言，传达出与人接触的空间界面所被赋予的温度和表情。利用材料与人之间直观的互动关系，将各种材质的质地、肌理、反射度等因素综合表达出来，使高层总部办公建筑室内公共空间室内装饰更富有温度和立体，拉近与人的距离。从高层总部办公建筑的建筑属性、办公属性、商业属性三方面入手，对应阐述各个空间中的材质种类、材质光泽、材质组织。

1）材质种类选择

室内设计材料按种类有木材类、石材类、陶瓷类、玻璃类、织物与纸制品头料类、金属类、涂料类等诸多分类。不同公共空间的材质选择使每层空间具有不同的风格，而所用材质也成为各层空间的主要标志。然而，基于超高层建筑的建性，在材质选择上过滤掉了易碎、易腐、易脏及软质材料。加之超高层办公建筑等空间的办公属性及公共空间属性，可适用的材料范围逐步缩小。

2）材质光泽

这是除了颜色之外，在评定材料的室内装饰效果时最重要的一种材料属性，材料的颜色和颜色的亮度会影响漫反射，而光泽的强弱主要由镜面反射决定。为了避免因材质晦暗带来的空间压抑感，超高层办公建筑公共空间的立面设计选用的材料一般具有相对充足的光泽度，在室内的垂直方向通过选择一定光泽度的材料来增加空间内光线反射，进而削弱超高层建筑给人带来的心理影响。

3）材质组织

材料的表面往往可呈现多种质感，细腻或粗糙，坚硬或松软，都会因材料的自身特征和后期的加工工艺而决定。而设计师常常运用这一点，通过材料不同的表面给人带来不同的心理感受，例如安藤忠雄设计的表面平滑的清水混凝土墙面，与普通施工现场表面粗糙的混凝土，会产生差异极大的感受。

公共空间需要选择足够多的坚硬而表面光滑的材料，如花岗石、大理石、金属来表现出"持久的稳定性与安全感"，避免富有弹性而松软的材料如地毯及纺织品，和表面粗糙的表面处理方式。

公共空间也可以通过地面、顶面、立面表面的尺寸变化、材质变化及铺贴形式的变化来改变空间的表面组织，产生不同节奏的表面空间。例如，使用同种材质以相同的尺寸模块错拼的方式进行铺贴；使用同种材质以若干种不同尺寸的模块，以一定的序列关系进行错拼；使用不同材质进行组合铺贴的方式；同一空间采用一种材质进行满铺等多种材质组合方式。

通过对高层总部办公建筑空间中的材质种类、材质光泽、材质组织的阐述，明确材质在室内空间装饰设计中的重要作用，满足大众审美，让人在工作之中心情愉悦，关系和谐。

5.4.4　高层总部办公综合体的心理环境原则

Psychological Environment Principle of High-Rise HQ Office Complex

色彩、造型、材质原则为本章主要研究的三方面原则，但基于超高层办公建筑内部公共空间的前提下，在制定以上原则时，同样需要考虑人的心理特征。由于心理研究也是一项非常复杂的工作，理论繁多。为简明扼要，在此只根据研究对象来考虑以下三个心理特性，分别是领域感、个人空间感和安全感。

不同的公共空间会对人的心理产生不同影响，从人可以控制或使用此公共空间的程度、可控制的时间等维度，按照领域感的特性可以对公共空间划分为首要区域、次要区域及公共区域。其中首要区域是指未经过空间所属人授权，其他人不可使用或进入的区域。例如在办公室中属于个人所有的办公桌区域，或是办公楼中领导层的专属卫生间等需要特殊权限的区域。与首要区域相比，次要区域的可控制程度和时间都相对略低，与公共区域相比，可控制程度和时间又相对偏高。比如，处于使用中的，或是频繁使用的大堂的临时座椅，非使用阶段恢复到公共区域。而在公共区域中，每个人对此区域的控制权限和时间都是平等的，例如公共建筑中的楼梯、电梯厅、走廊等。

心理学家对于〝个人空间〞的距离定义为在某个公共区域中，人和人交往过程中都会不自觉地保持的距离。而当人和人交往过程中，一方突破了这种距离时，另一方便会感觉到不适。但〝个人空间〞的距离会随着交往的对象、场所的变化而变化。

安全感则与〝个人空间〞息息相关。如前文所述，当人的〝个人空间〞距离因外界原因被突破时，人会产生不适，会因为私密性削弱而产生不安全感。因此，人际交往时会注重各自的个人空间感，会考虑到增加自身的安全感，从而选择附近有遮蔽物的区域。

综上所述，高层总部综合体的室内设计要达到舒适、合宜的效果，设计师需要从多维度进行思考：以人的使用角度出发，从物理材料到空间心理等进行综合考虑。

6　高层总部办公综合体室内设计实例分析

Overview on High—rise Commercial HOPSCA

6.1　室内设计工程案例分析总结

Case Analysis and Summary of Interior Design Projects

对于高层总部办公综合体室内装饰设计，离不开工程实践的支撑。本章介绍和分析了广东省建筑设计研究院有限公司设计的10个高层总部办公综合体室内设计的案例，其中大多数工程已经投入使用。阅读这些实际的工程案例，我们可以寻找出高层总部办公综合体室内设计具有代表性的共性问题，从而研究和总结高层总部办公综合体室内设计的方法。

（1）正确认识高层总部办公综合体与城市发展的关系，充分理解项目所处地域文化、经济发展动向和项目的商业需求。让追求经济利益最大化的高层总部办公综合体的室内设计能够与城市文化、城市品位有机结合。

（2）从整体和宏观的角度入手，统筹设计高层总部办公综合体建筑室内空间的整体布局，合理布置室内的各个功能分区，创造出室内空间与建筑、城市的友好关系。

（3）强调室内设计与建筑设计的协调性，使室内设计风格与建筑设计风格高度一致。

（4）为综合体室内空间设置合理动线，以适应综合体室内空间多元化的特点。重视室内外空间的交融互动，创造出具有活力、绿色、舒适的办公综合体空间。

以中国南方航空大厦为例，项目整个室内装饰设计尊重以及延续了建筑外观元素，定位为清新、自然、简约、优雅。中国南方航空总部办公大楼整体色调采用白色、蓝色、灰色等冷静的色调为主色调，配以局部鲜明的软装点缀，以"珠水红棉"的主题贯穿始末。首层大堂在满足功能需求的同时，其中点睛之笔的"飞机"设计，体现了中国南方航空集团能在未来的发展中勇往直前、乘风破浪、滔滔不尽。

南方航空大厦内部的功能空间布局合理，造型和材质的选择别具匠心。设计者将心理学与形体学、视觉与触觉融入方案设计中，利用室内照明设施和自然光的作用，打造极具现代感的南方航空大厦。

6.2　高层总部办公综合体室内设计实例
Interior Design Projects of High-Rise HQ Office Complex

本节介绍和分析了广东省建筑设计研究院有限公司近年来设计的 10 个高层总部办公综合体建筑的室内设计工程案例，通过对这些具体工程案例的分析，总结高层总部办公综合体建筑室内设计的一般规律。

正处在高度发展的高层总部办公综合体建筑，室内设计不断更新和发展，造型的形式、色彩、材质三大基本原则，通过工程实践得到不断的充实和丰富。这些高层总部办公综合体建筑室内设计工程案例（详见 6.2.1 ~ 6.2.10 章节），可引导建筑设计人员思考室内设计更多的问题并寻求解决这些问题的方法。

6.2.1 广州无限极广场

Infinitus Plaza, Guangzhou

广州无限极广场是无限极公司总部办公大楼，是一座集办公、研发和商业购物中心的大型综合体建筑。室内设计理念是将建筑内部与外部完美地结合在一起，围绕着内部中庭和荒原庭院组织，形成了一个在任何楼层都能体验到无限环"∞"的规划。中央核心筒以及位于四角的核心筒不仅提供了竖向的流通性，而且带来社区聚会和功能性会议的空间。总体的规划始终建立在功能性、灵活性、流动性、娱乐性，以及对无限极未来的展望之上。

室内设计的技术难点是将无限环"∞"在多层空间里通过拉伸、展开的方式自然地由室外向室内与建筑融合。通过顶棚渐变的菱形孔格灯、入口门厅无限环"∞"地面铺装、中庭层间错落有致的GRG饰面板等，无一不与建筑外观、建筑设计理念相呼应。办公室设计就像一个"集成城市"，灵活的、连续的平面规划，可以适应随着时间而不断变化的需求和功能，开放又灵活，能够同时保证足够的隐私和使用者之间的交互、聚集。

室内设计的技术创新是考虑了可持续性和节能的概念，内部功能空间和流线通过表现和互动来组织工作环境。在技术上，地板采用架空地板，墙采用水泥纤维一体板，吊顶采用可拆卸格栅和石膏板，考虑了未来空间的可变性，符合绿色建筑设计理念。同时考虑了尽可能多地采纳自然光，并使用装饰板进行高效遮阳和环境控制。采用无污染的材料，为整个建筑系统提供"活力""健康"的室内工作环境。

广州无极限广场鸟瞰近景

项目名称：广州无限极广场
建设地点：广东省广州市白云新城
建设单位：广东无限极物业发展有限公司
设计单位：广东省建筑设计研究院有限公司；
　　　　　扎哈·哈迪德（Zaha Hadid）建筑事务所；
　　　　　华腾、文博、飞世尔、金明等公司
室内设计：江　刚、易　芹、崔玉明、李宝华、
　　　　　黄子翀、吴振耀、万晚霞、陈加鑫
总建筑面积：185642.5m²
总建筑高度：35m
建筑层数：地上 7层（局部8层），地下 2层

西座塔楼总部中庭层间错落有致的 GRG 饰面板

室内设计总体的规划始终建立在功能性、灵活性、流动性、娱乐性，以及对无限极未来的展望之上

无限极公司产品展厅入口

东座塔楼首层

东座塔楼首层商业大堂接待区与荒原庭院

六层连廊室内康体中心

三层连廊室内多功能会议活动中心

多功能会议厅

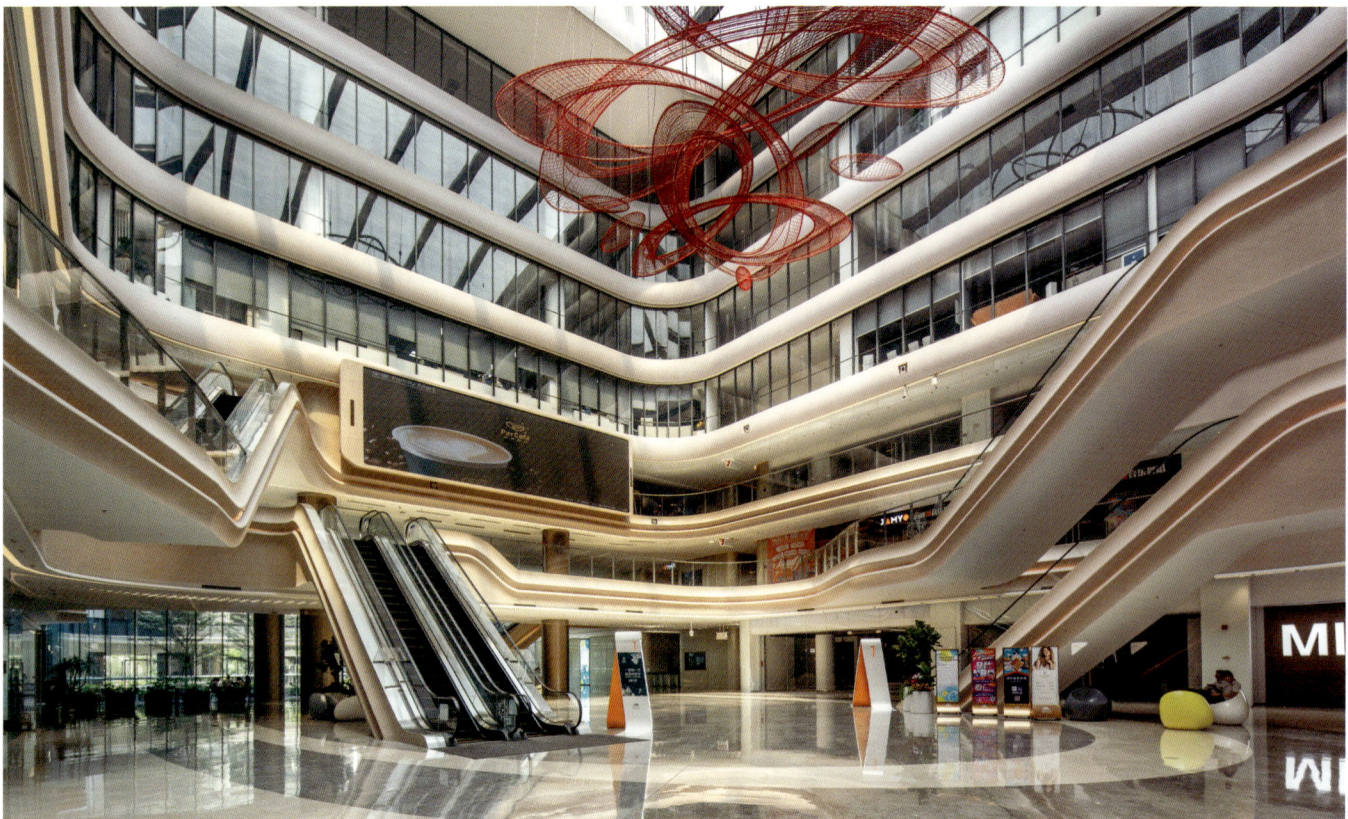
东座塔楼首层商业大堂

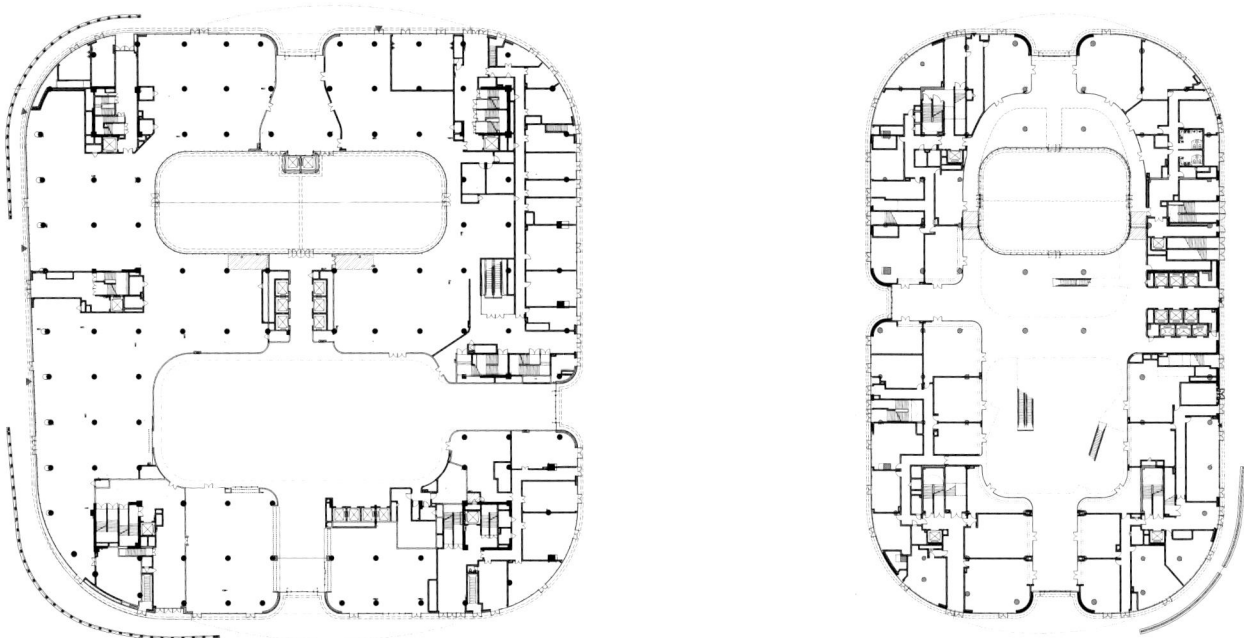

首层平面图

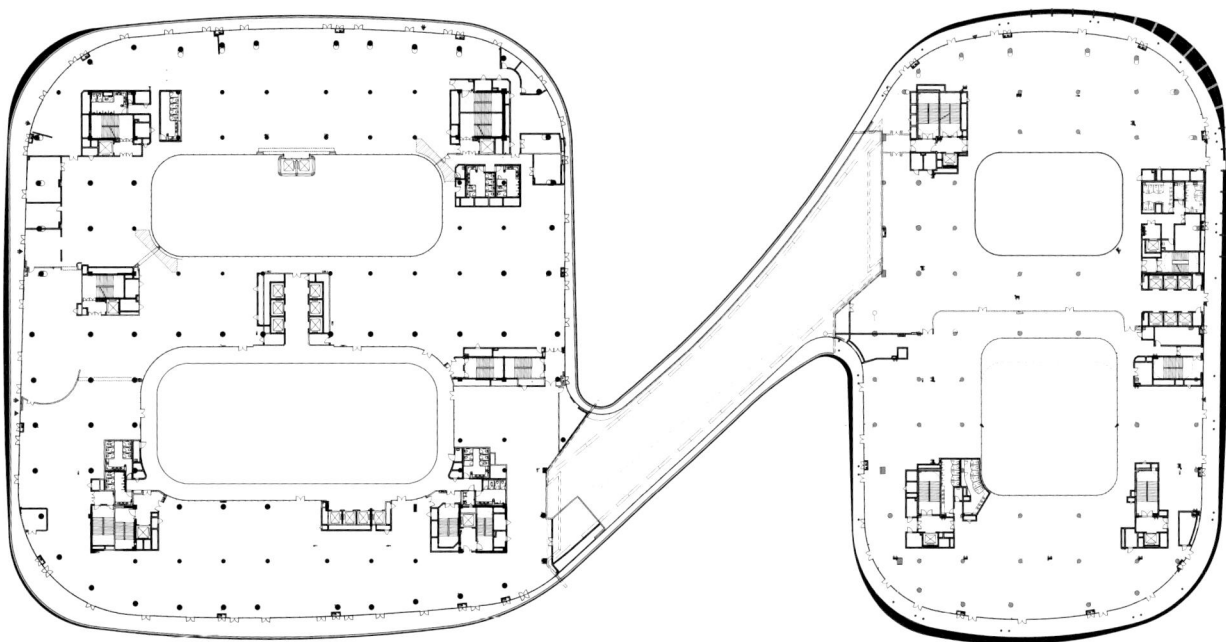

七层平面图

6.2.2 中国移动广东公司总部大厦
GMCC HQ Building (Guangdong GoTone Building)

中国移动广东公司总部大厦位于广州市天河区珠江新城 F 区 F1-3 地块，由综合管理办公区、数码廊和会展中心、通信生产区、员工活动区、后勤服务及物业管理区、地下车库（含平战结合人防工程）及主要设备区、塔楼顶部设备区等部分组成。建筑由一栋 37 层的主体建筑和数码廊、裙房等组成。整体造型设计在垂直和水平方向上着墨，以简洁紧凑的板式建筑和修长挺拔的塔楼表达了清晰的体量概念。

室内空间设计则借助 CBD 核心中轴花城广场的景观资源，结合内部独特的内庭空间，将大厦的入口大堂、走廊、电梯厅等公共枢纽空间以"借景"的手法组织成此轴线空间的延伸部分，人们可在公共枢纽空间内也可欣赏到组团内部庭院的园林布局和水瀑，更能极目眺望城市的优美景致。通过建筑内部和外部空间的相互渗透，建筑物更有机地融合到城市的整体布局中，极具空间流动感和层次丰富性。

作为中国移动 2010 年广州亚运会通信保障指挥中心，广东全球通大厦以集中化、信息化、专业化为手段，通过全生命周期的运行管理、灵活的突发场景配置、精细的保障服务举措提供全过程视频监控平台，实现对各类突发事件的可视、可控、可分析、可追溯，成为广州亚运会保障服务的信息引擎。

中国移动广东公司总部大厦临街实景

项目名称：中国移动广东公司总部大厦
（原名：广东全球通大厦）
建设地点：广东省广州市天河区珠江新城
建设单位：广东移动通信有限责任公司
设计单位：加拿大黄雄溪建筑师事务所
广东省建筑设计研究院有限公司
美国金斯勒（Gensler）建筑设计事务所
建筑面积：12 万 m²
建筑高度：153.5m
建筑层数：地上塔楼 37 层、裙房 4-6 层、数码框廊高 44.065m；
地下 3 层

东大堂

西大堂

内庭院入口

交流空间

庭院绿化空间

国际会议厅

内庭院实景

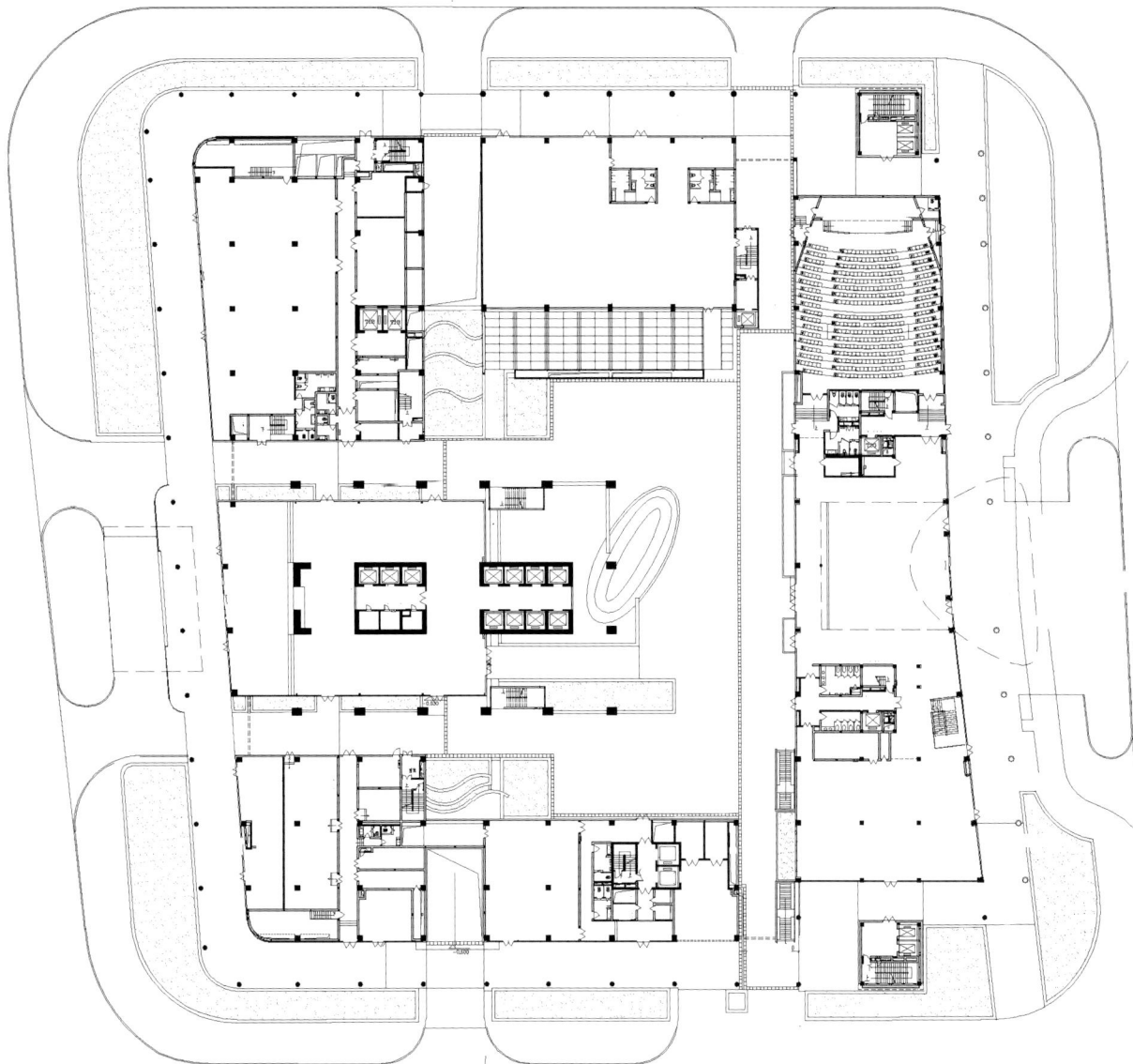

首层平面图

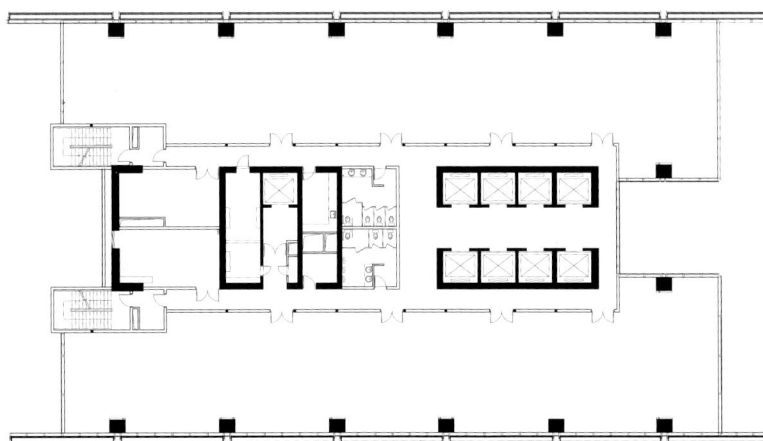

塔楼标准层平面图

6.2.3 中国南方航空大厦
China Southern Airlines Building

　　中国南方航空大厦是一座超高层城市综合体总部办公楼，室内设计以"云端红棉"为主题，以"云端"中的行云光线元素，"红棉"意念抽象化元素，以现代的艺术审美、设计手法、施工工艺创造了一个现代、时尚、简约而又具有浓厚文化氛围的办公空间。

　　设计主色调以经典的黑白灰配色，飘逸弧线造型（墙体、顶棚）、弧形灯光走向、弧形家具摆布，寓意"云端"的行云光线贯穿整个室内空间；"红棉"意念在细节中自然铺开，红色的沙发、红色的灯座、红棉挂画、红棉标识贯穿始终，营造国际化企业总部大楼所应有的、所感受到的高端、大气、宽阔、时尚。同时将中国南方航空公司（全球第三大航空公司）的行业特点、地域文化、企业文化以及全球化经营理念以视觉感受淋漓尽致地表现出来：航空、南方、奋发、包容。

　　材料上采用环保而耐用的石材、金属板、玻璃以轻工业风的工艺制作安装，强调低耗、节约、重复使用的设计原则。灰色不锈钢面板搭配起来时尚而动感。"灰""白"色调的简单搭配，使得整个空间素雅而纯净，宁静而柔和。二者结合，表现出如同坚实流畅起伏如英雄一般的肌肉线条，在优雅的灯光下动荡起伏，随着视角变化，在阳光和灯光的不同照射下散发十足的动感力量。

项目名称：中国南方航空大厦
建设地点：广东省广州市白云区白云新城
建设单位：广州南航建设有限公司
设计单位：广东省建筑设计研究院有限公司
室内设计：陈朝阳、冯文成、楼冰柠、许名涛、张彦兰、
　　　　　吴东奇、宋国斌、孙　铭、孙丹琦、黄志斌、
　　　　　叶茂彪、李俊杰
建筑面积：19 万 m²
建筑高度：150m
建筑层数：地上 36 层，地下 4 层
曾获奖项：2014/2015 年亚太室内设计精英邀请赛荣誉奖；
　　　　　2015 年中国建筑学会第十八届中国室内设计
　　　　　大奖赛铜奖；
　　　　　2017/2018 年亚太室内设计精英邀请赛荣誉奖

中国南方航空大厦临街实景

首层大堂塔楼核心筒

首层大堂

首层电梯厅

标准层电梯厅

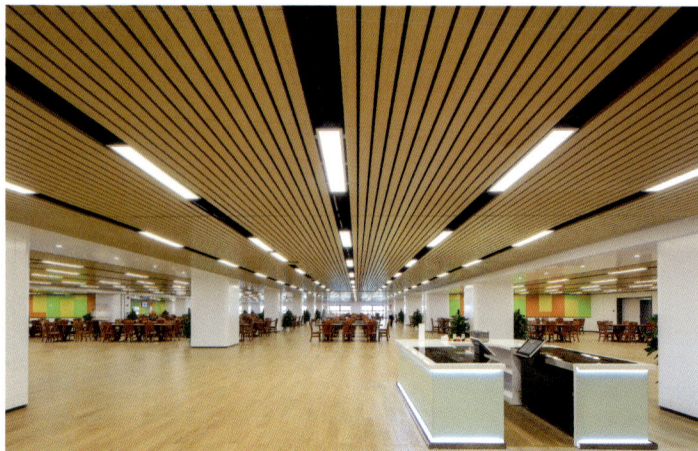
员工餐厅

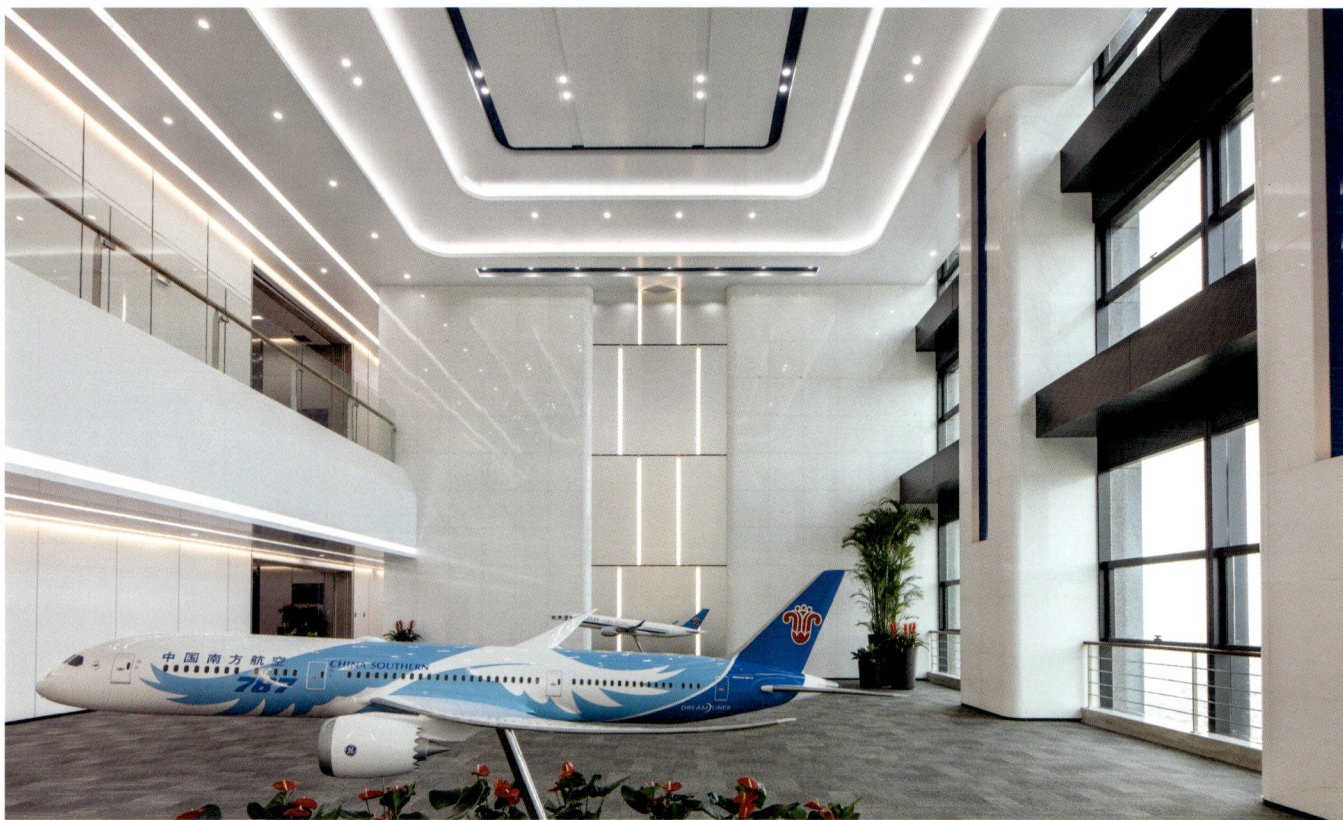
领导层接待大厅

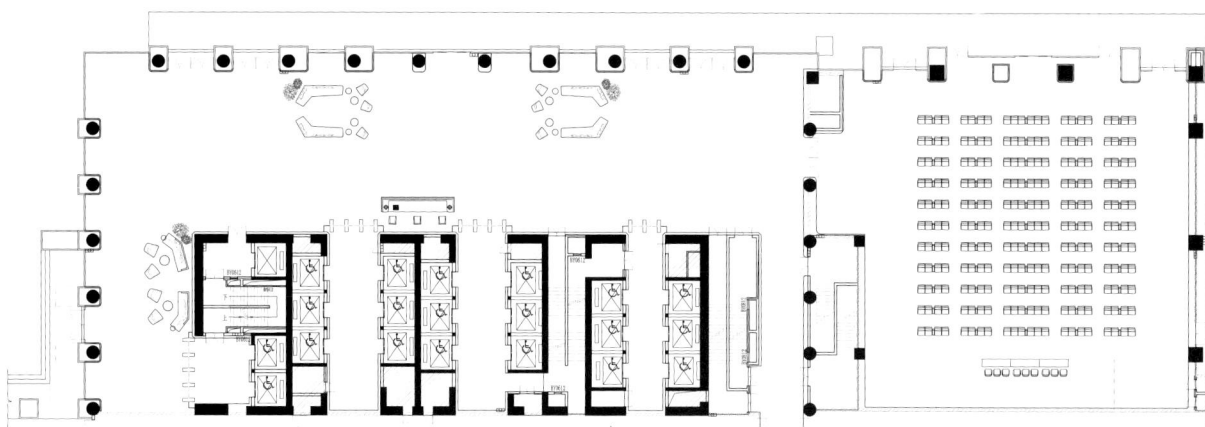

首层平面图（局部）

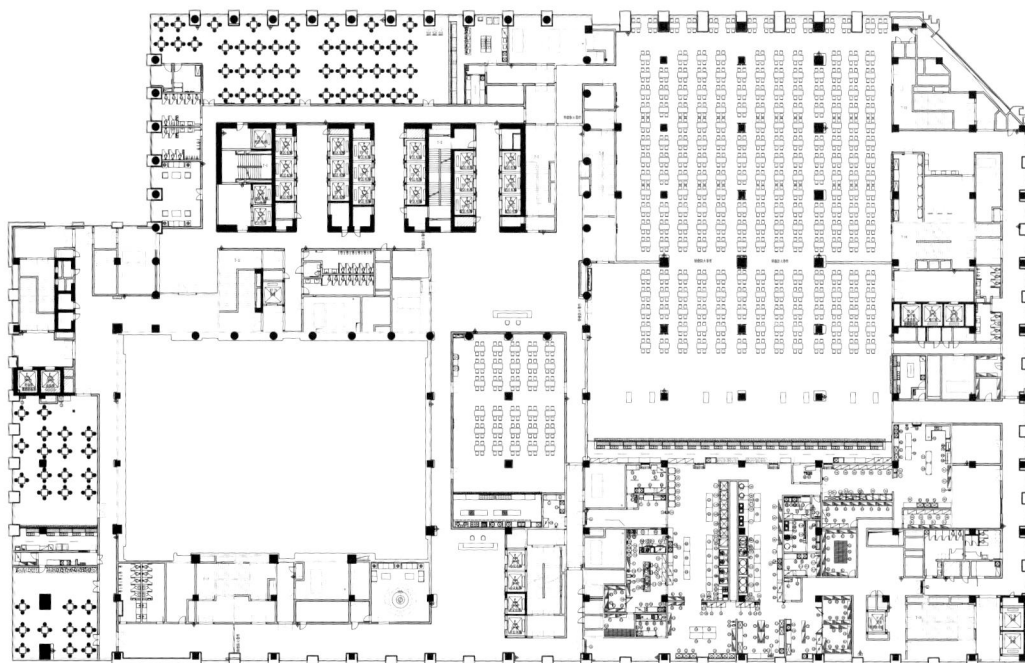

六层平面图

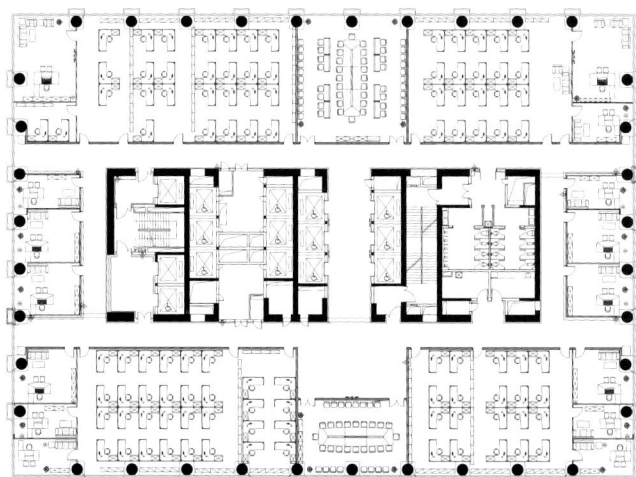

塔楼标准层平面图

6.2.4 中国人寿大厦
China Life Tower

中国人寿大厦是中国人寿广东公司的总部大楼，是一座集办公、大型会议和研发的大型超高层综合体建筑。项目位于广州国际金融城起步区，大楼地上47层，地下一、二层是整个地块相连的地下商业街，低区主要是功能性用房；中低区主要是市公司行政办公；中高区主要是对外出租；高区是总部行政办公。

室内设计以"人寿年丰，和而不同"为主题。寓意中国人寿向上、国家富裕和谐、均衡发展，突出企业自身的社会定位和企业特色。

室内设计将建筑外立面和室内融合，采用暖色调新中式设计风格。大堂以岭南园林之烟波荡漾、粤韵悠扬为意境，以波光涟漪、粤剧折扇元素造型顶棚，以山水画对称装饰主墙壁，以奇石古松树造景点睛，以暖色灯光营造氛围；墙面采用罗马洞石，地面选用爱马仕灰大理石，整体感受到现代企业的岭南文化、庄重大气和雄厚实力企业形象。大楼整体沿用大堂设计风格，公共区域空间采用与大堂相同材质，根据不同功能设计造型，空间线条简单有序，层次鲜明。室内设计采用现代材料演绎新中式，不局限于还原传统中式，适度地打破惯有思想定位，寻求更为纯粹的表达方式，运用更为新颖的装饰材料、软装陈设，打造一种更利于服务、沟通交流和健康的工作方式。

中国人寿大厦低点效果图

项目名称：中国人寿大厦
建设地点：广东省广州市天河区广州国际金融城起步区
建设单位：中国人寿保险股份有限公司广东省分公司
设计单位：广东省建筑设计研究院有限公司；
深圳市建筑设计研究总院有限公司；
北京中外建建筑设计有限公司
室内设计：冯文成、黄志斌、谢　渤、宋国斌、
李沁雨、周椰子、刘嵩钟、李艳龄
建筑面积：14.1万 m²
建筑高度：229.8m
建筑层数：地上47层，地下5层
曾获奖项：2022年第十二届中国国际空间设计大奖铜奖

首层大堂（西南侧）效果图

首层大堂（正南面）效果图

标准层电梯厅效果图

标准层办公区效果图

四层员工餐厅效果图

高层领导办公室效果图

大会议室效果图

首层北大堂效果图

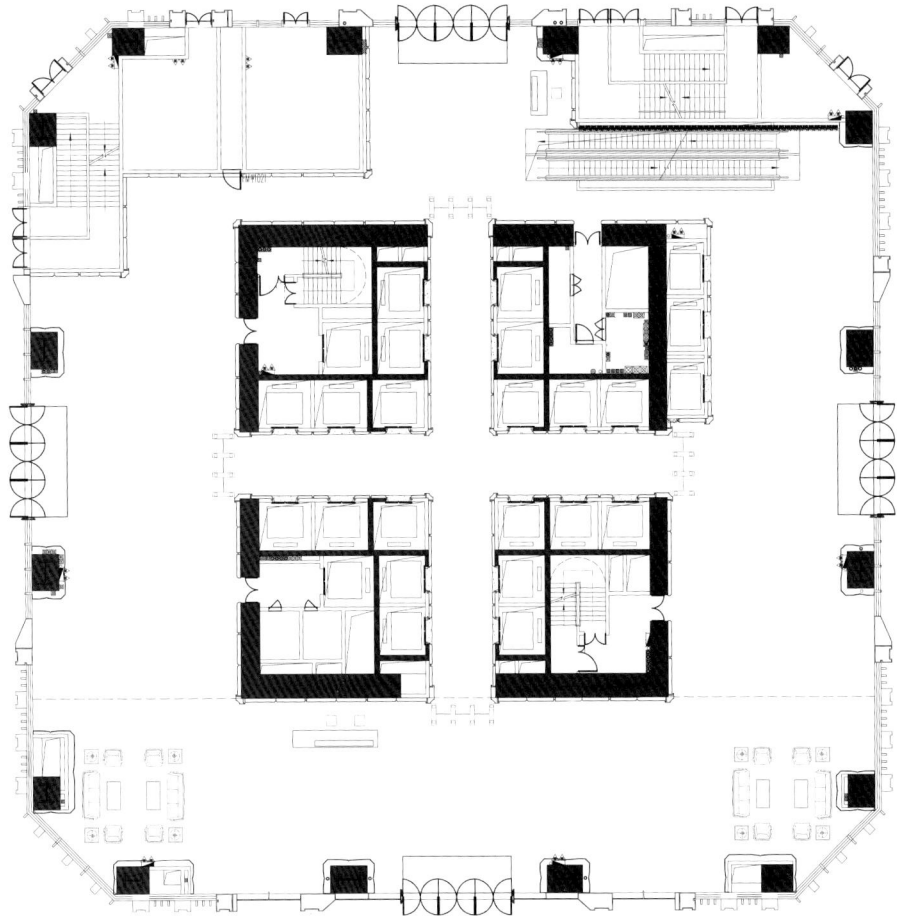

首层平面图

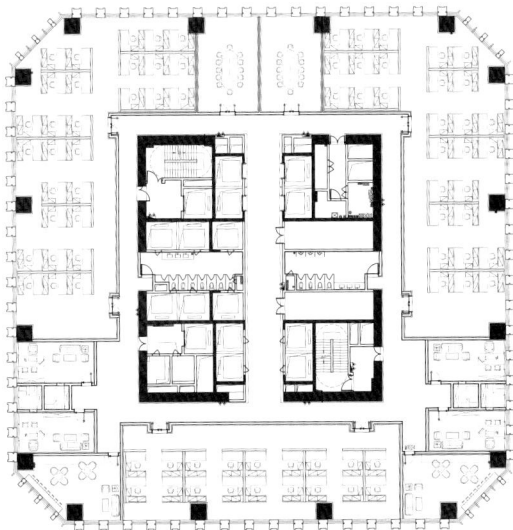

标准层办公区平面图

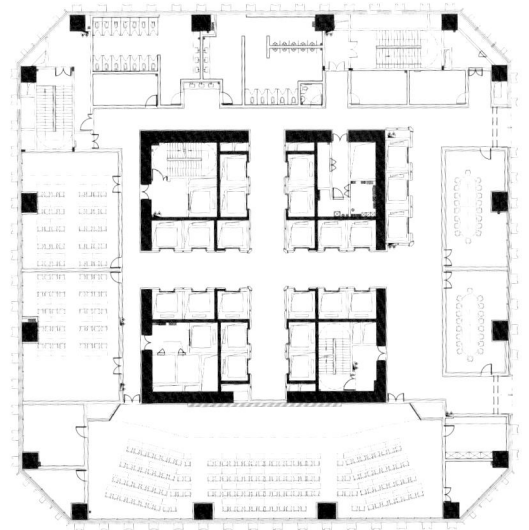

会议层平面图

6.2.5 广州琶洲会展大厦
Pazhou Exhibition Building, Guangzhou

广州琶洲会展大厦是广州城投开发的总部办公大楼，是一座集甲级写字楼和大型会议的大型超高层综合体建筑。位于广州琶洲会展商业区，毗邻广交会展馆，是广州城市南拓空间战略的地标建筑。

室内设计以"鼎盛守正、行稳致远"为设计理念，青铜方鼎倒梯形造型的大堂核心筒，以黑白灰国际色彩体系、现代简约的设计手法，突出守正出新、明亮正气的大堂空间形象。大堂核心筒主墙体采用大板块的大花白大理石、黑色不锈钢分隔，突显庄严典雅、高端精致；地面采用劳伦特金大理石，以黑色条形石线环绕分隔，拉伸了空间的纵深感，给人一种无限的想象，同时呼应顶棚；顶棚采用白色铝板，以黑钢条形线环绕分隔，微弧形柔和了大堂空间；以暖白色LED灯光照亮整个大堂空间，与大玻璃通透的室外绿化环境相映衬。塔楼公共空间的室内设计，延续大堂的设计理念，采用相同的装饰材料、灯光灯具，呈现同样简洁大气、明亮干净的办公氛围，保持整栋大厦的整体统一。

项目名称：广州琶洲会展大厦
建设地点：广东省广州市海珠区广州琶洲会展商业区
建设单位：广州市会展大厦投资开发有限公司
设计单位：广东省建筑设计研究院有限公司
室内设计：冯文成、楼冰柠、柳　赛、谢　渤、
　　　　　冯彦婷、吴嘉杰、陈　琳、曾昭国
建筑面积：11.2万 m²
建筑高度：212m
建筑层数：地上 47 层，地下 2 层

广州琶洲会展大厦效果图

青铜方鼎倒梯形造型的大堂核心筒效果图

首层大堂效果图

大堂电梯厅效果图

办公区效果图

员工餐厅效果图

空中花园效果图

董事会议室效果图

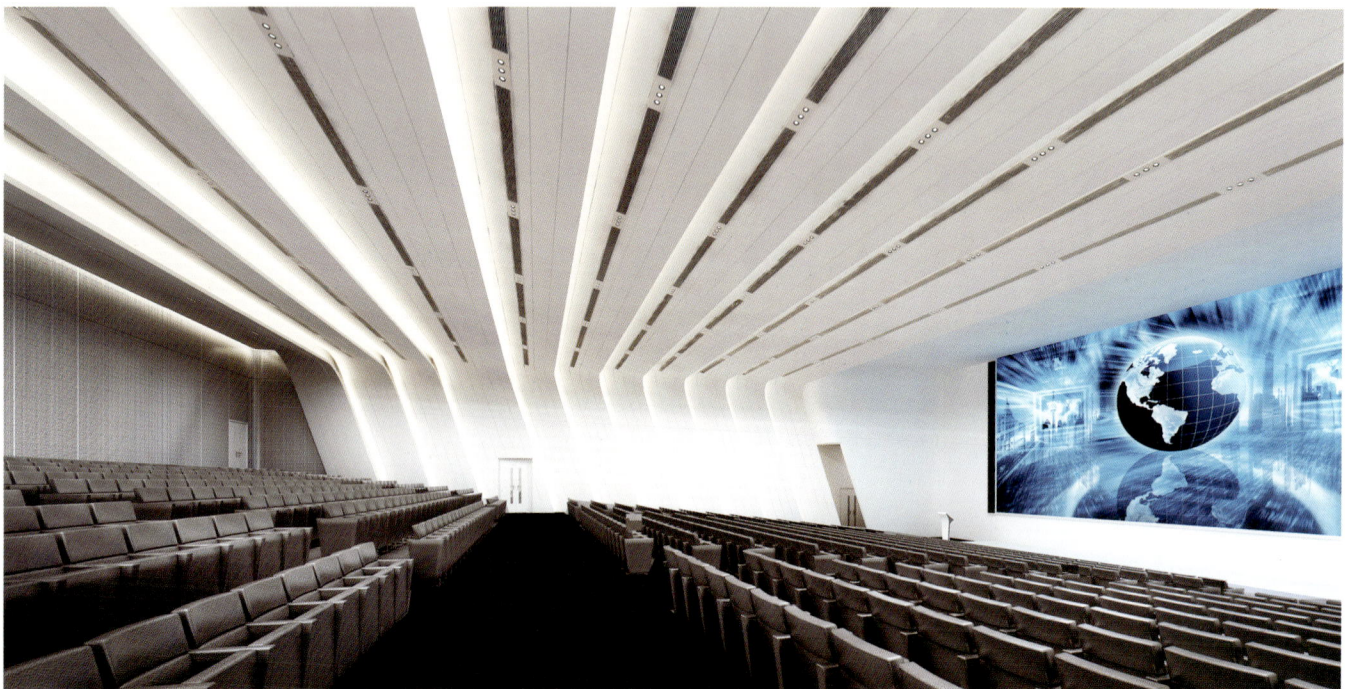
大会议室效果图

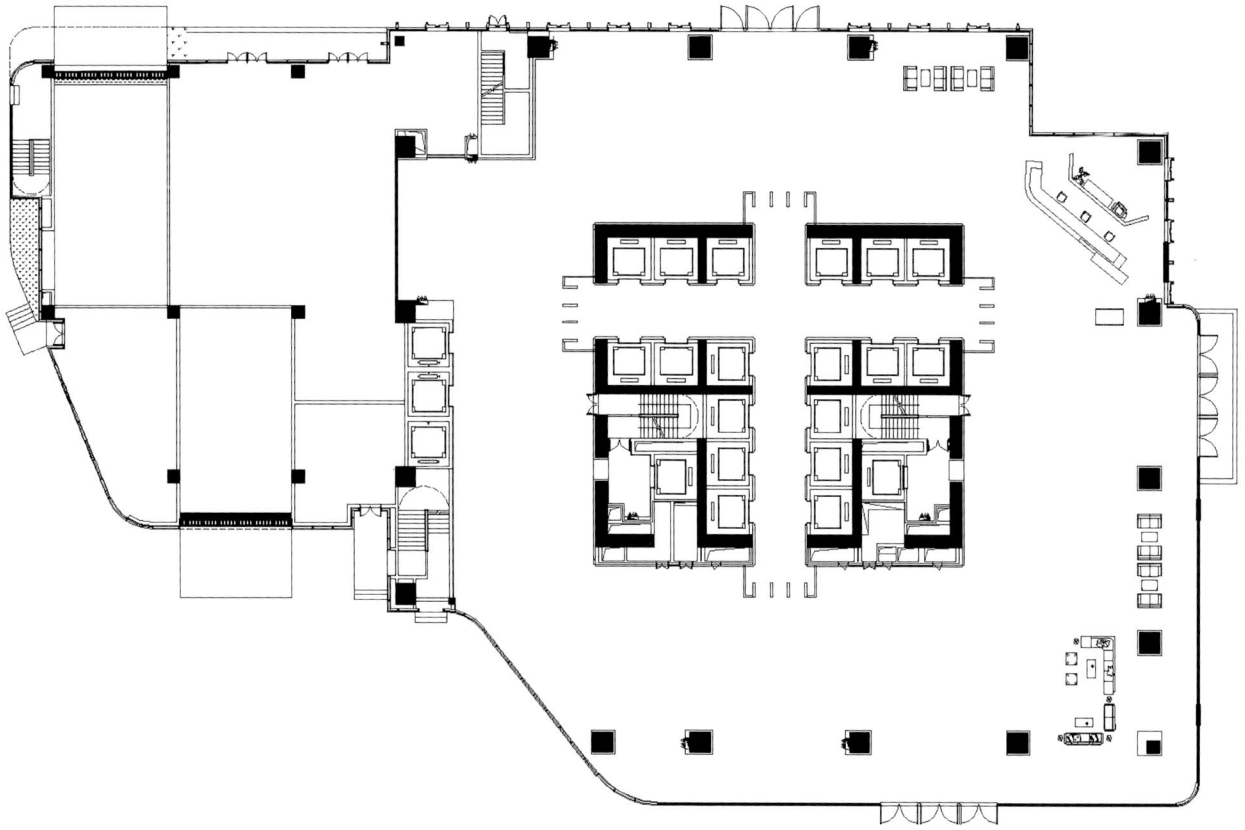

首层平面图

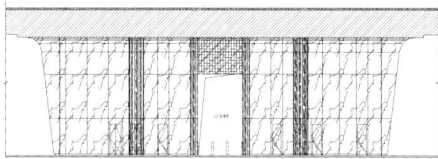

首层核心筒立面图

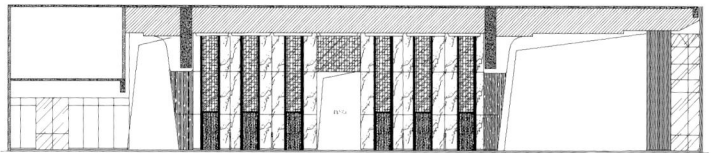

首层大堂立面图

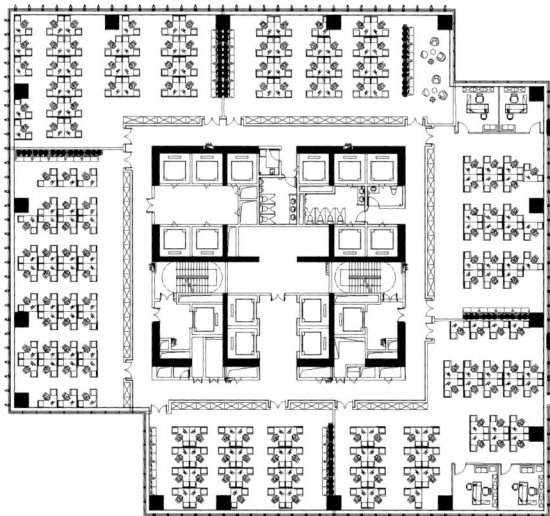

标准层办公区平面图

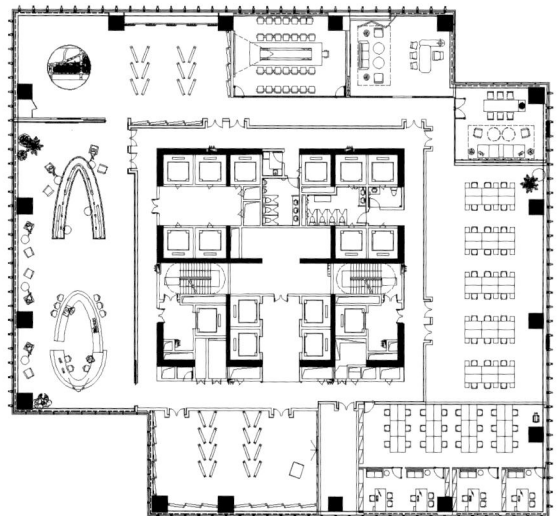

会议层平面图

6.2.6 潮宏基总部大厦
CHJ HQ Building

潮宏基总部大厦是广东潮宏基实业公司的总部大楼，是一座集办公、研发、博物馆、公寓、商业于一体的大型高层综合体建筑。潮宏基是有 20 年历史的高端时尚的东方珠宝品牌，将东方文化和国际时尚完美融合。总部大厦室内设计以"流光溢彩"设计主题，突显其品牌文化和产品调性，打造成汕头市的地标建筑。

造型——流：室内设计整体造型呈流线形，流线造型是现代感和时尚感的象征。在室内空间划分上充分利用流线造型，打破由直线和直角效果带来的传统观感，增添空间的动态流动之美。

质感——光：充分利用建筑大玻璃幕墙的自然采光，室内顶棚采用条形光带和暖白色LED 光源，室内墙身采用光泽感强的金属板、光面大理石和玻璃，营造整个室内空间的明亮和通透感。

风格——溢：以室内空间的时尚华丽气质，突显东方文化和国际时尚的珠宝品牌调性。大堂和公共区域选用优雅贵气的香槟金金属板搭配白色大理石，以简洁流畅的流线造型，满溢高调奢华的空间形象。

色彩——彩：公共区域的墙体以香槟金金属板拼接白色大理石，顶棚白色金属板，地面深灰色大理石，配合室内绿色植物、大玻璃幕墙，户外水天一色，亮丽耀煌，时尚贵气，流光溢彩。

项目名称：潮宏基总部大厦
建设地点：广东省汕头市濠江区
建设单位：广东潮宏基实业股份有限公司
设计单位：广东省建筑设计研究院有限公司；
　　　　　德国冯·格康．玛格及合伙人（GMP）建筑
　　　　　师事务所
室内设计：冯文成、楼冰柠、柳 赛、张 芬、
　　　　　曾昭国、陈 琳、周展兆
建筑面积：10.2 万 m²
建筑高度：77.5m
建筑层数：办公楼地上 18 层，地下 2 层

潮宏基总部大厦效果图

首层大堂效果图

大堂咖啡厅效果图

总部大堂效果图

标准层休闲区效果图

标准层电梯厅效果图

董事长办公室效果图

大会议室效果图

董事接待室效果图

标准层办公区效果图

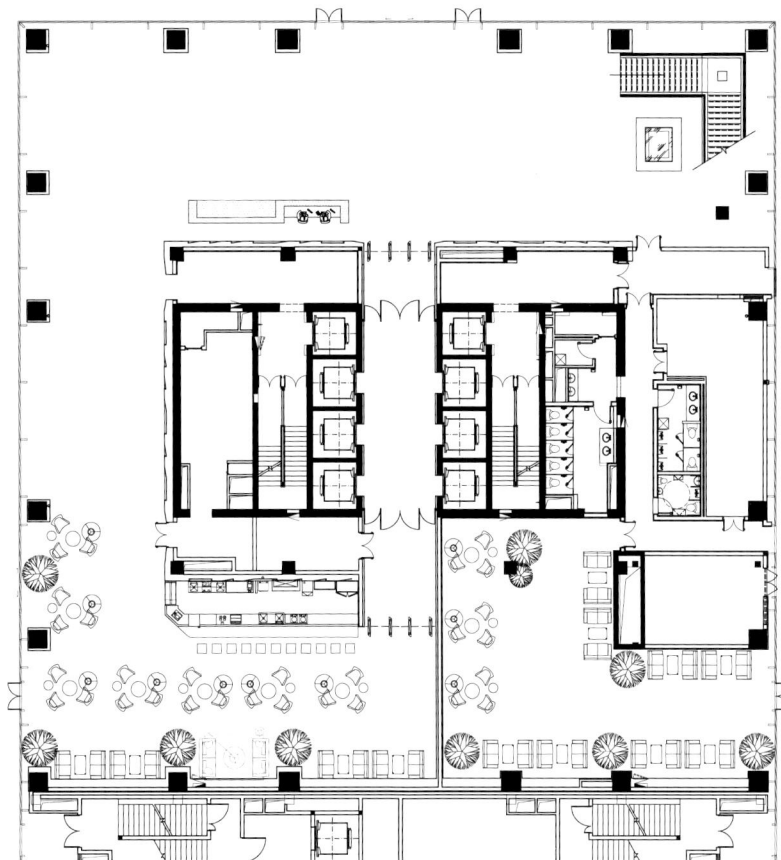

首层平面图

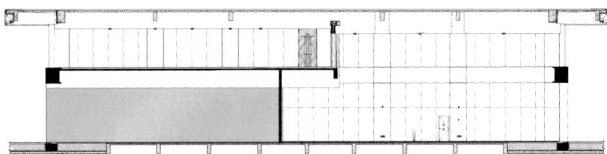

首层立面图

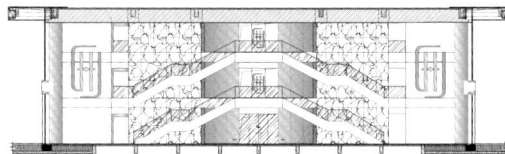

十二层立面图

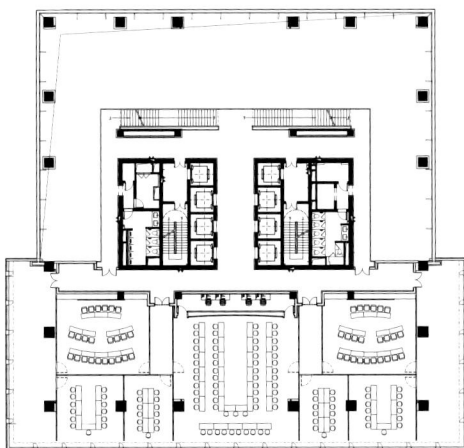

十三层平面图

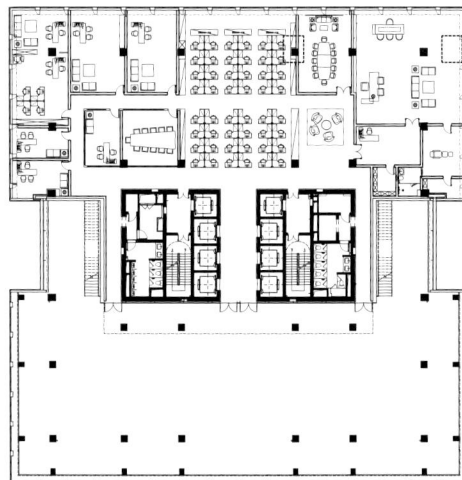

顶层办公区平面图

6.2.7　珠海横琴洲际航运大厦

Intercontinental Shipping Building, Hengqin, Zhuhai

　　珠海横琴洲际航运大厦是珠海市洲际航运公司开发的总部办公大厦，是集甲级写字楼、酒店和商业购物中心为一体的大型超高层综合体建筑，位于珠海市横琴新区，毗邻港澳。商业购物中心位于负一至四层；总部办公位于五至四十层；酒店位于四十二至四十八层。

　　室内设计务求用现代、奢华、时尚和艺术，达到一种人与环境、人与文化的高度和谐，为商业精英（特别是澳门创业青年）创造高端的工作与生活方式。务求打造一个极具个性的暖色系室内空间环境，区别于周边冷灰建筑环境，在横琴新区独树一帜，甚至成为地标性建筑综合体。

　　室内设计以"海韵琴音——海洋文化在岭南土地扎根"为主题。海洋文化是人类对海洋的认知和感悟，岭南文化是岭南人民数千年来形成的生活习惯，将海洋文化与岭南文化结合，形成这种独特的"海洋文化在岭南土地扎根"的理念。首层综合大堂以"晨曦帆影"形象设计，以暖白色灯光、浅黄色石材和咖金色金属板，以桅帆造型墙体、柱体和电梯门套；商业购物中心中庭空间以波浪翻卷、弧形曲线造型顶棚、地面，以暖白色灯光、灰色石材和大玻璃板构造，呼应海洋形象文化主题；酒店大堂和中庭采用暖色灯光，墙身和中庭空间以弧线石材造型，点缀以紫红色壁灯，大型弧卷波浪雕塑，营造现代、奢华、时尚和艺术的高端酒店空间。

项目名称：珠海横琴洲际航运大厦
建设地点：广东省珠海市横琴新区
建设单位：珠海市洲际航运有限公司
设计单位：广东省建筑设计研究院有限公司
室内设计：冯文成、楼冰柠、叶茂彪、黄志斌、
　　　　　许名涛、谢　渤、孙　铭、陈锦贵
建筑面积：13.8 万 m²
建筑高度：199.8m
建筑层数：地上 48 层，地下 4 层
曾获奖项：2021 年第十一届中国国际空间设计大奖铜奖

珠海横琴洲际航运大厦效果图

首层大堂效果图

大堂效果图

大堂电梯厅效果图

酒店公寓区中庭效果图

办公区电梯厅（标准层）效果图

商业中心中庭效果图

酒店公寓区大堂效果图

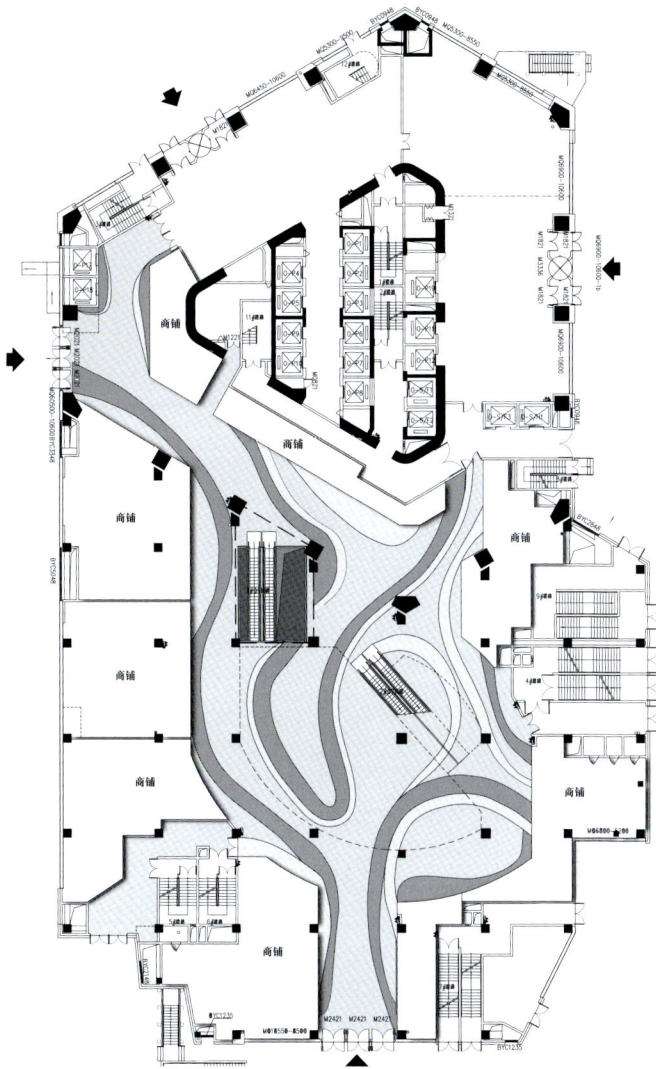

首层平面图

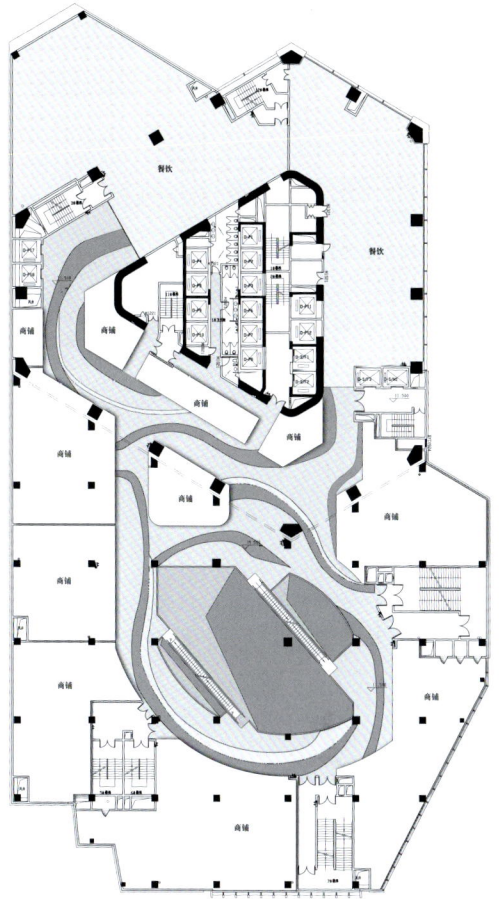

三层平面图

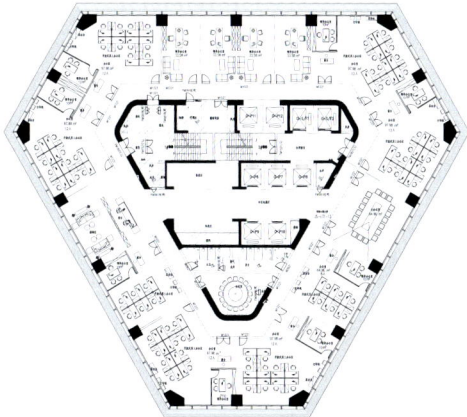

办公区标准层平面图

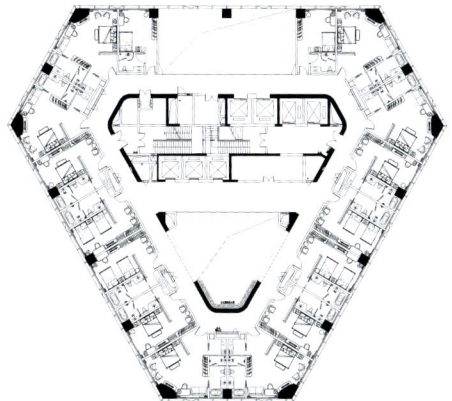

酒店标准层平面图

6.2.8 广东农信数据中心

GDRC Data Center

广东农信数据中心是广东省农村信用社联合社的总部数据中心，是集办公、研发、培训和数据中心为一体的大型超高层综合体建筑，包括业务楼、综合楼和数据中心三栋楼。

室内设计主题为"粤韵农信、科技赋能"。广东农信根植于南粤大地，立足于粤港澳大湾区经济圈，大兴金融科技之风，乘着"一带一路"倡议的东风，辐射全国，影响全球。

室内设计定位为 "现代科技风格、互融互通互动、突显金融科技企业文化特色"。建筑现代化的金融科技类企业办公大楼，突显企业在数字科技、云计算、大数据等高层次领域的地位。整体设计以现代简约科技风格，融合企业形象特点，兼具地域特色，突出绿色生态、环保节能，增强企业品质，增加职工归属感，提升社会认同感和影响力。功能布局合理，空间使用定位清晰，打造以现代简约风格为主线，色彩淡雅，特点鲜明，流线清晰，注重环保节能，环境优美的现代企业办公场所。增强互融、互通、互动的智能科技新生感，体现企业独有的人文魅力。项目投入使用后，将进一步提升企业的核心竞争力和整体实力，进一步扩大企业的行业影响力和企业知名度，进一步加快企业的发展速度，为实现企业的战略目标奠定坚实基础。

广东农信数据中心效果图

项目名称：广东农信数据中心
建设地点：广东省佛山市南海区金融高新区
建设单位：广东省农村信用社联合社
设计单位：广东省建筑设计研究院有限公司
室内设计：冯文成、许名涛、吴东奇、孙丹琦、
　　　　　邱 婧、张 芬、邓淦元
建筑面积：21.5 万 m²
建筑高度：139m
建筑层数：27 层

办公楼大堂效果图

办公楼大堂电梯厅效果图

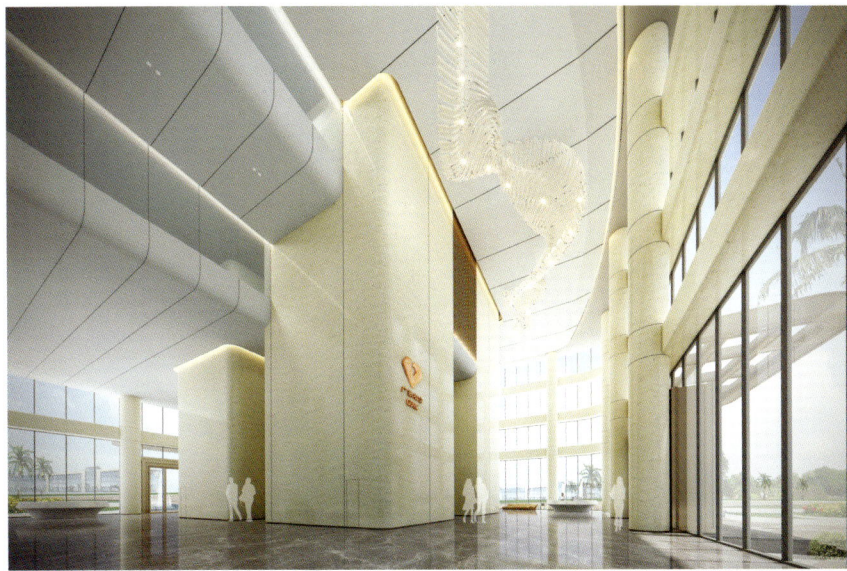

培训楼大堂效果图

展厅效果图

标准层门厅效果图

标准层办公室效果图

接待厅效果图

员工餐厅效果图

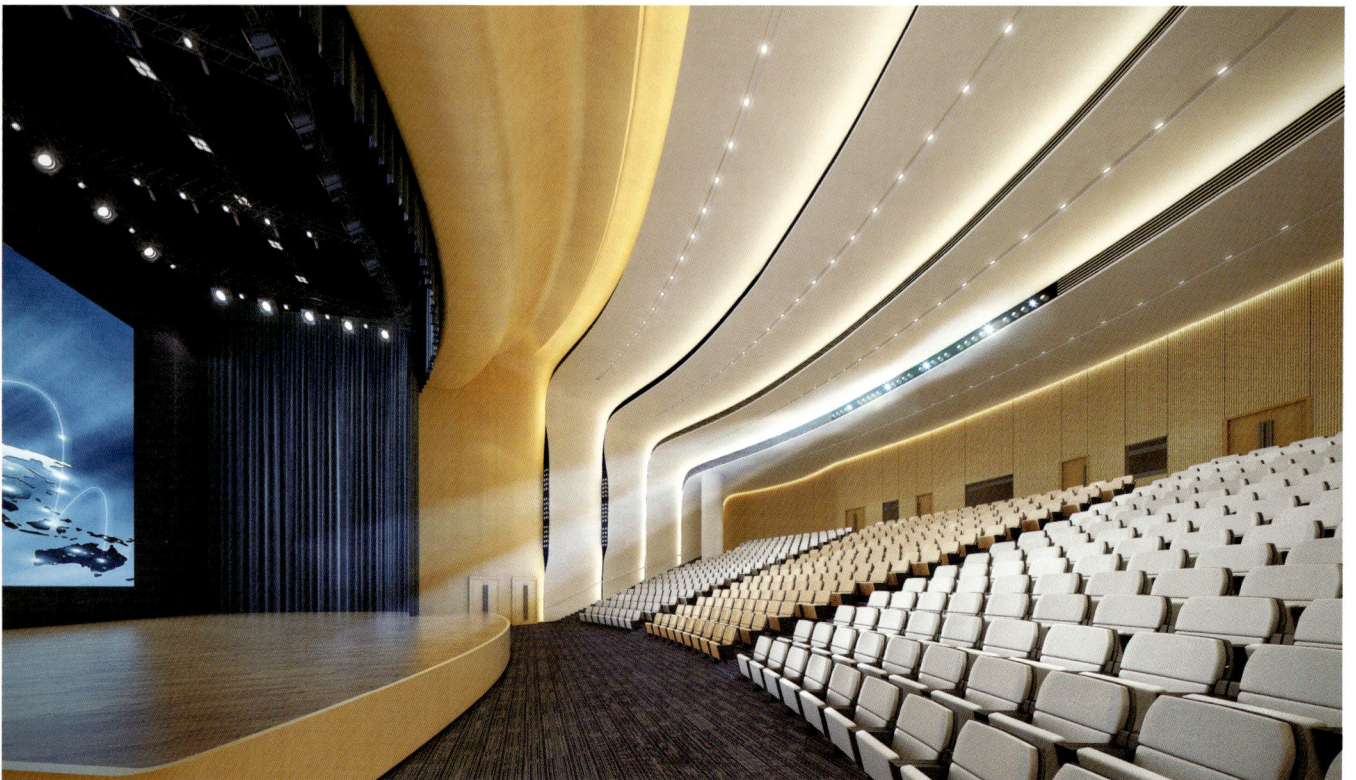

多功能会议报告厅效果图

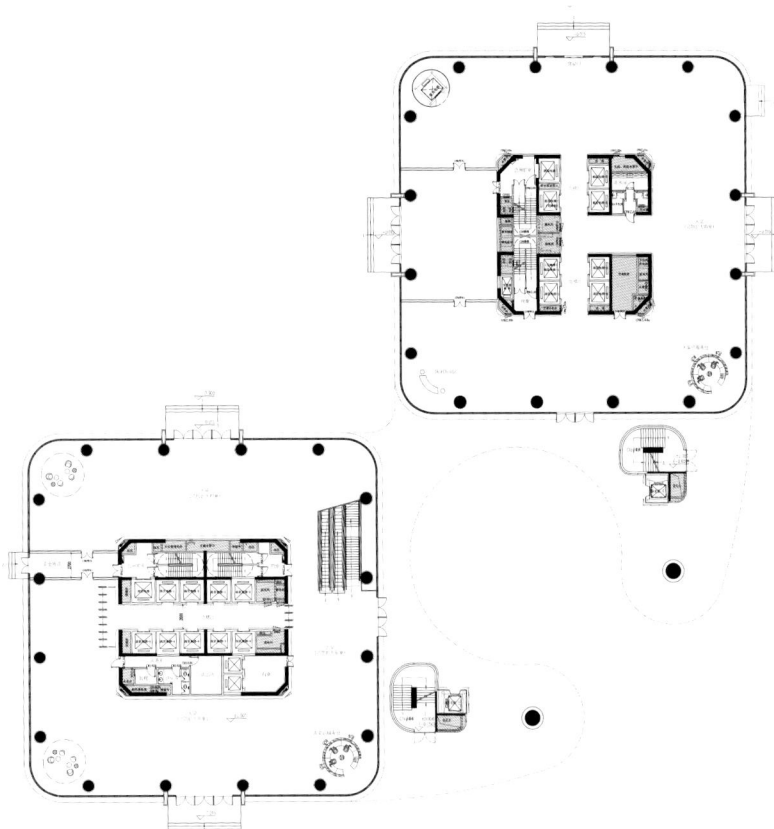

一层平面图

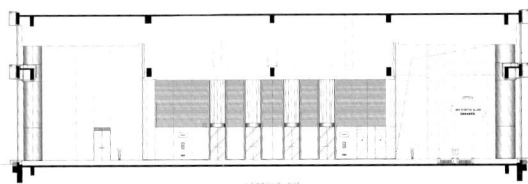

大堂立面图

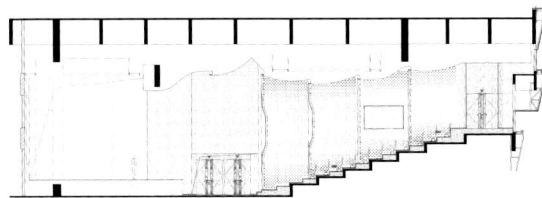

报告厅立面图

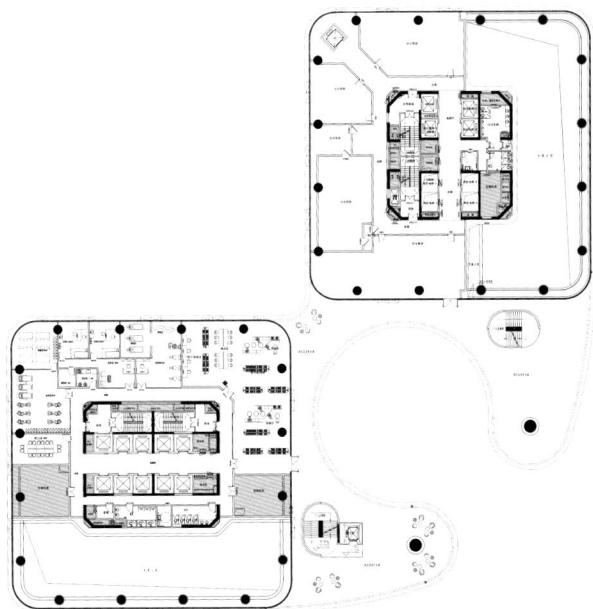

二层平面图

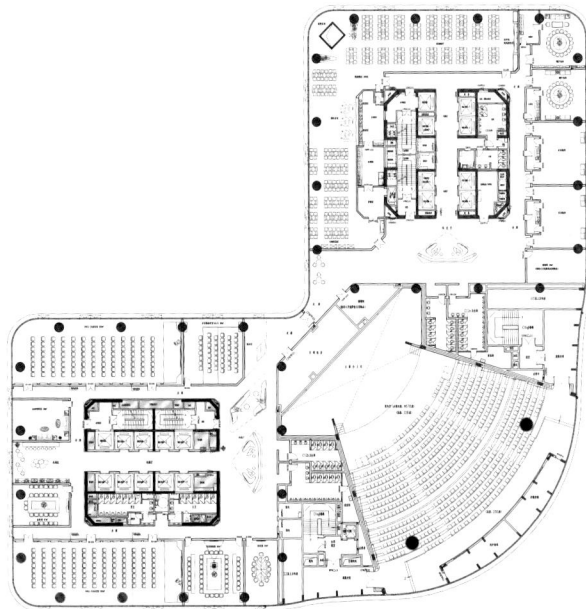

四层平面图

6.2.9 杰创智能总部及研发基地

Jiechuang Nexwise Intelligence HQ and R&D Base

　　杰创智能总部及研发基地是杰创智能科技公司的总部大厦，是一座集总部办公、研发、大型会议于一体的高层综合体建筑。

　　杰创智能科技公司是中国领先的智慧城市和智慧公共安全服务商，总部基地的室内设计主题为"智杰科创，焕然新生"。以种子萌芽、焕发新生的意境，以黑白灰色彩搭配、大幅板材与精细线条对比互衬，营造一个科技、高端、简洁、大气的室内空间氛围。

　　基地主入口中庭，以岭南园林特点设计庭院，融入瀑布、植物、水景池、回廊和曲径，以"造景取境"的岭南造园技艺，塑造一个富有画意、休闲交流的现代办公中庭空间。

　　大堂顶棚造型以叶瓣元素为主、以弧形将柱子和顶棚连接在一起，形成种子萌芽的形态；墙身采用大幅面鱼肚白岩板，地面采用大幅面劳伦黑金岩板，营造一个科技感强、萌芽新生、意气风发的高端总部大厦。公共区域室内设计，采用相同的材料和工艺手法，保持与大堂设计风格一致，保证整栋大楼的公共区域空间规划有序。办公区选用色彩鲜艳的家具，使空间活泼灵动、充满活力，激发年轻员工的创新动力。

项目名称：杰创智能总部及研发基地
建设地点：广东省广州市黄埔区广州科学城
建设单位：杰创智能科技股份有限公司
设计单位：广东省建筑设计研究院有限公司
室内设计：冯文成、黄志斌、宋国斌、谢　渤、
　　　　　周椰子、李艳龄、李沁雨
建筑面积：5.2万㎡
建筑高度：81.9m
建筑层数：地上19层，地下2层

杰创智能总部及研发基地效果图

大堂效果图 1

大堂效果图 2

入口门厅效果图

中庭效果图

标准层电梯厅效果图

标准层办公室效果图

培训会议室效果图

董事长会议室效果图

接待厅效果图

董事长办公室效果图

多功能会议厅效果图

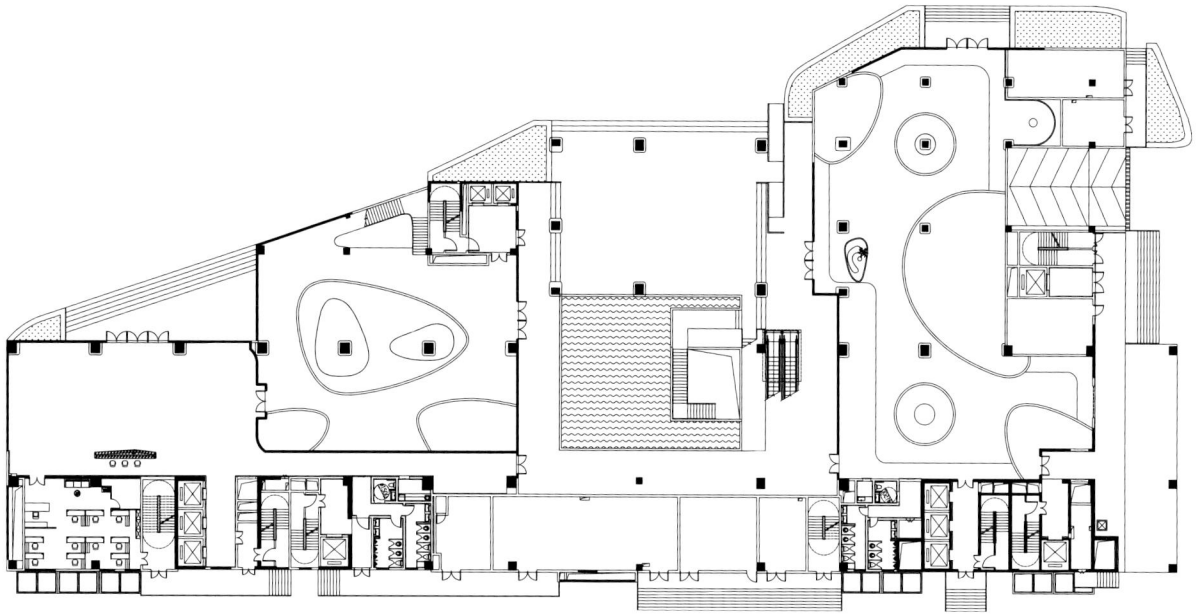

首层大堂及展厅平面图

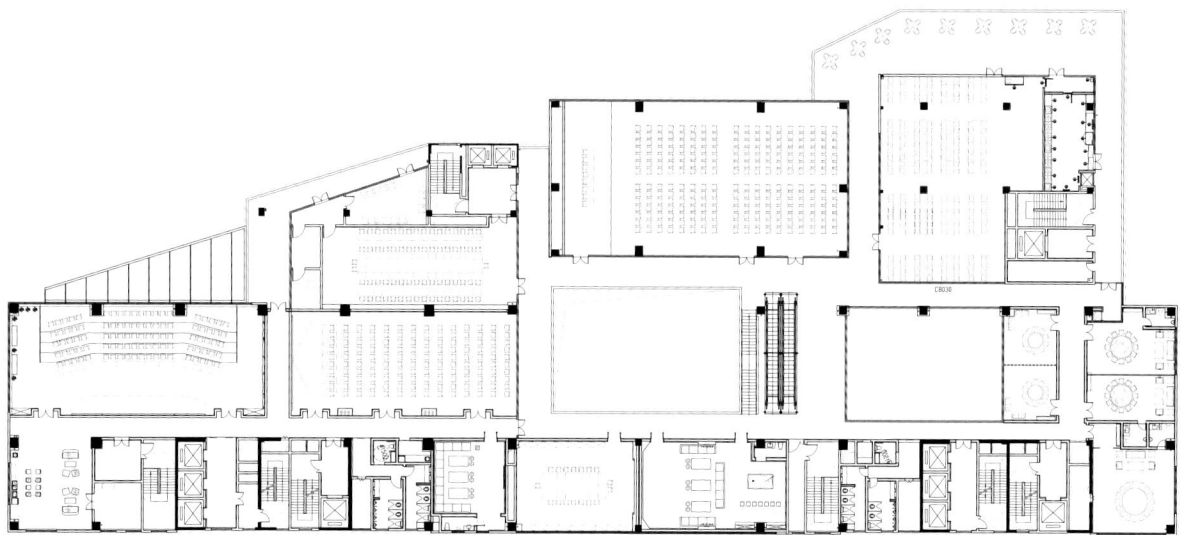

三层会议中心平面图

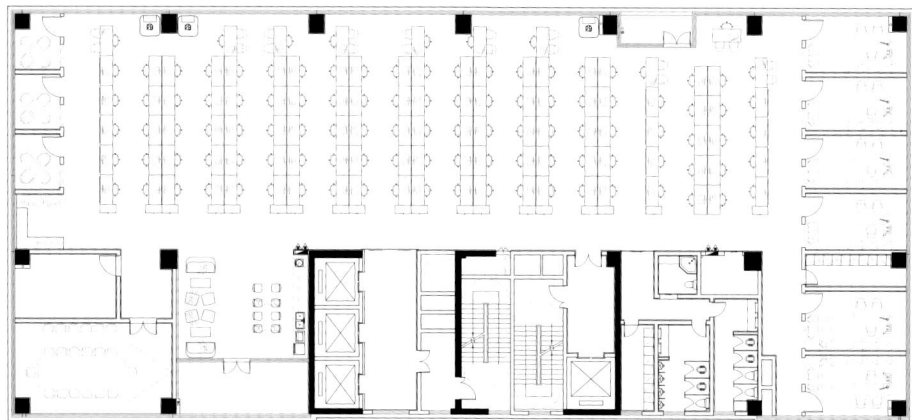

标准层平面图

6.2.10 广州报业文化中心
Guangzhou Media Center

广州报业文化中心是广州日报报业集团的总部大楼，是集办公、研发和商业为一体的大型超高层综合体建筑，项目位于广州珠江畔阅江西路。

室内设计根据其良好的地理位置，结合广州地域文化，提出以"珠水流光，企业出彩"的设计理念，表达上通过灯光转化，以"线"的设计形式，通过不同色系的光，结合空间造型、软饰色彩在空间中做点缀，诠释设计主题。

室内设计在细部设计上工艺大胆创新，触感精致顺滑，力求打造极具现代感、超凡脱俗的办公空间环境。整体设计均采用柔和的灯光、和谐的色彩材质搭配，减少灯光、色彩对人体视觉的刺激，更符合人们长时间舒适办公及人性化的需求。功能布局明确合理，在造型和光效上独具匠心，不仅满足各区域使用上的需要，更是从细微之处烘托出对人性的关怀，突显超然的雅致与舒适。同时大量新型材料、新工法的运用将现代简约的办公空间梳理到极致。运用前瞻性的语言，将自然要素与现代元素有机结合，正是经典与时尚、优雅与品位、清新与自然的全新设计理念。

室内设计目标满足未来办公、生产及管理的功能需求，环境舒适优美，有利于提高生产效率。设计要体现传媒企业特征、企业形象和企业文化的内涵，装饰风格要突显个性、现代、美观并与周边建筑风格有机融合，达到"绿色环保，高效信息，人文生态"的要求，既体现高效节能，体现人文气息，体现企业对员工的关怀，又体现广州日报报业集团作为大型传媒企业对新闻行业及社会的责任感。

广州报业文化中心鸟瞰城市实景

项目名称：广州报业文化中心
建设地点：广东省广州市阅江西路
建设单位：广州市重点投资建设项目管理办公室；
　　　　　广州日报社
设计单位：广东省建筑设计研究院有限公司
室内设计：冯文成、楼冰柠、张彦兰、
　　　　　廖卓鑫、陈锦贵、宋国斌
建筑面积：19.7 万 m²
建筑高度：156m
建筑层数：建筑 T1、T2 塔楼 25 层，地下 3 层
曾获奖项：2014 年第十届中国国际室内设计双年展金奖；
　　　　　2013/2014 年亚太室内设计精英邀请赛金奖；
　　　　　2015 年加拿大 GRANDS PRIX DU DESIGN 设计大奖
　　　　　特别大奖

裙房大堂效果图

大堂电梯间效果图

办公大堂效果图

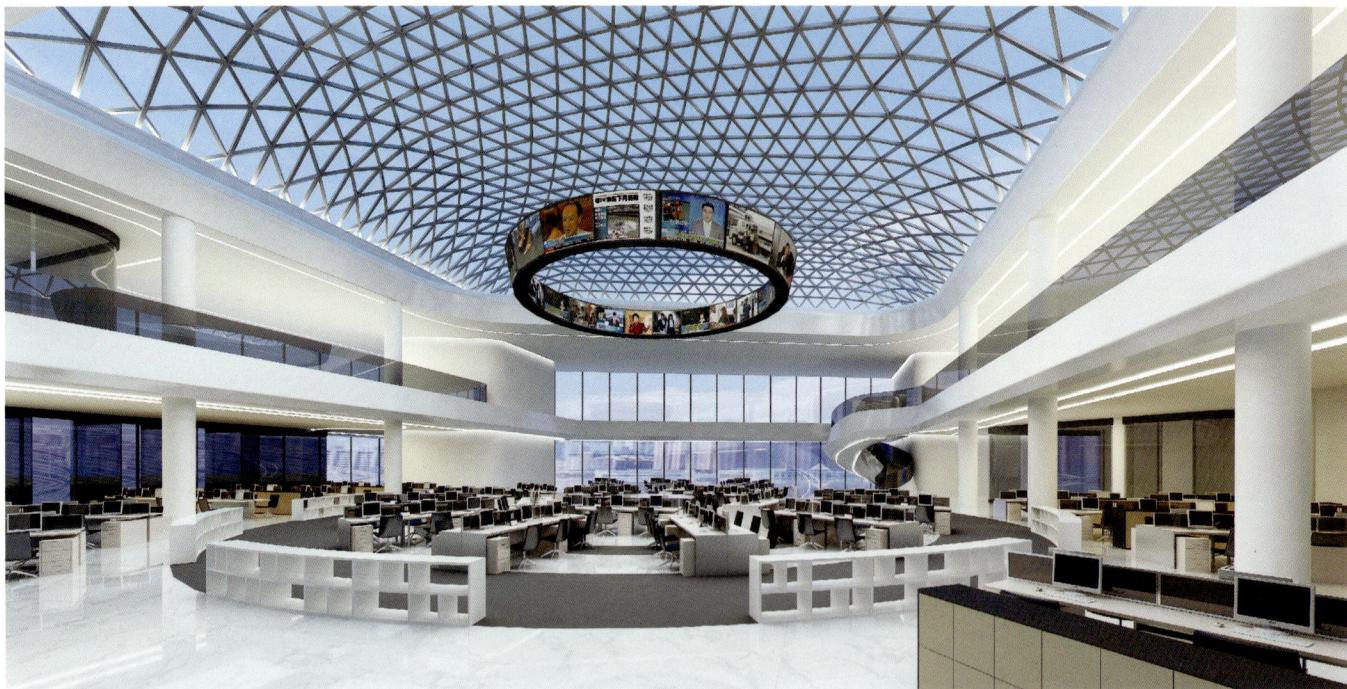

采编中心效果图

接待室效果图

会议室效果图

图书馆效果图

游泳池效果图

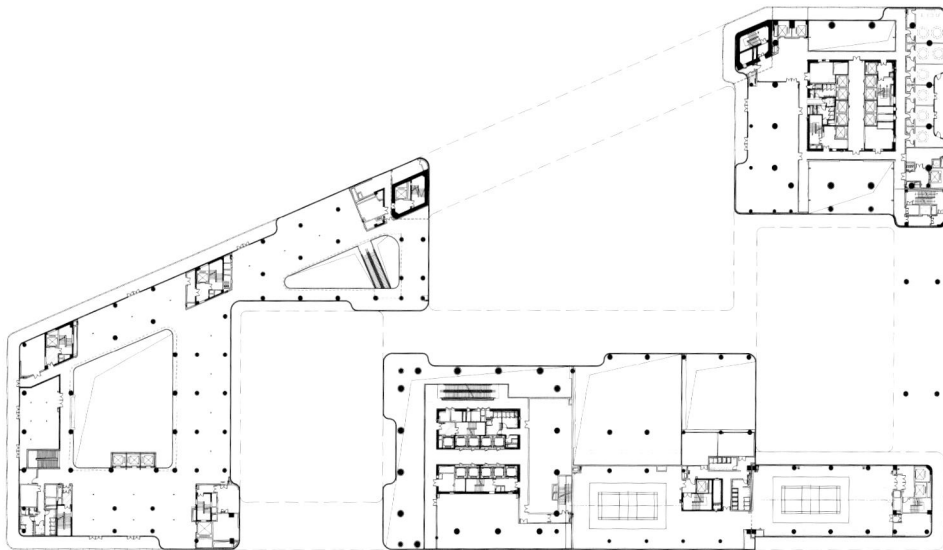

一层平面图

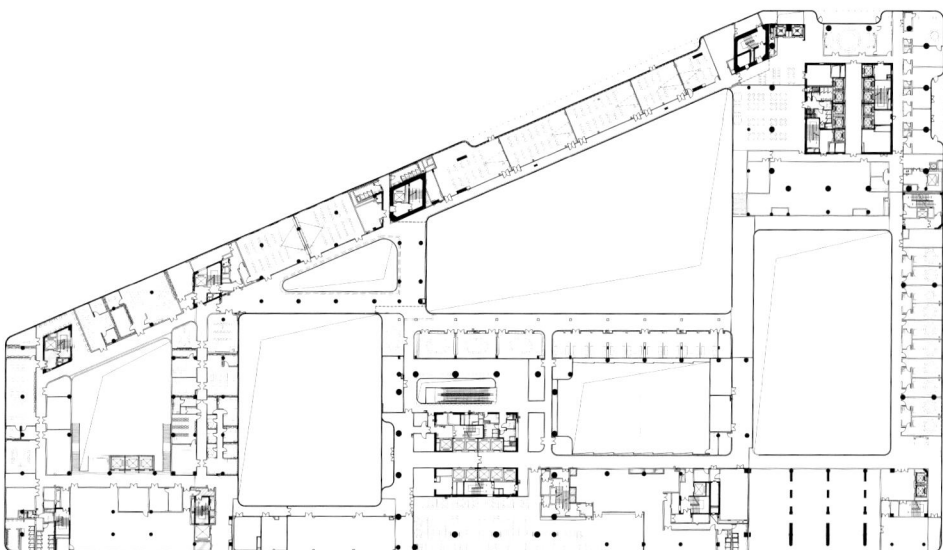

四层平面图

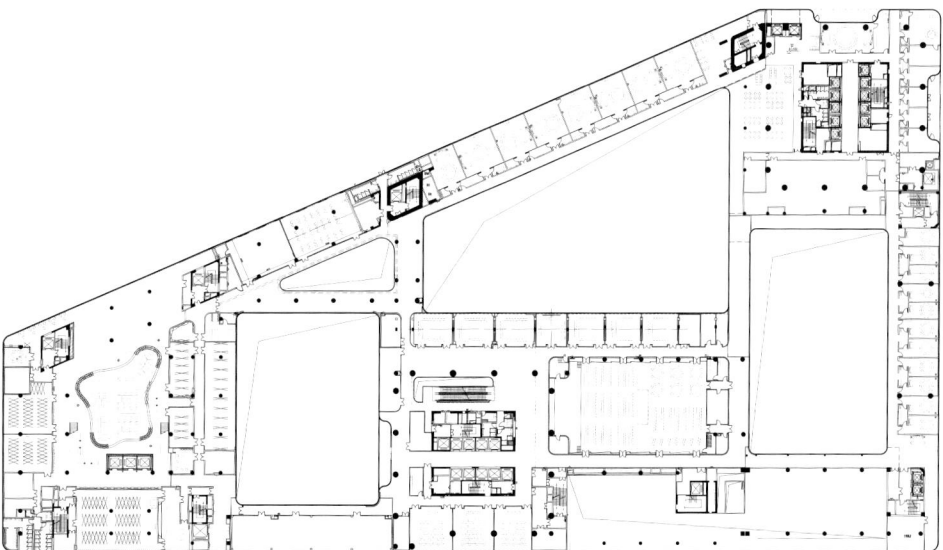

五层平面图

7 高层总部办公综合体绿色建筑设计技术

Green Building Design Technology of High-Rise HQ Office Complex

　　新时期，国家在生态文明思想的指引下，积极推动社会发展全面向绿色低碳转型，建筑领域在积极推进实现碳达峰、碳中和目标的工作中，绿色低碳发展取得了显著成效。

　　高层总部办公综合体的绿色建筑设计技术，突出体现在综合体的办公功能板块上，随着绿色建筑设计技术的不断进步，高层总部办公综合体的绿色建筑设计正朝着规模化和高质量的方向迅猛发展。

　　从绿色建筑评价标准实施的角度看，我国的绿色建筑设计经历了两个重要时期。2015年实施的《绿色建筑评价标准》GB/T 50378—2014，核心内容是"四节一环保"，绿色建筑评价分为设计标识和建筑标识；2019年开始实施的现行《绿色建筑评价标准》GB/T 50378—2019，核心内容更改为"五大性能＋创新"，绿色建筑评价仅为落成建筑标识，更加强调绿色建筑高标准、高质量、高性能的发展。

　　以引导绿色建筑高标准、高质量、高性能发展为目标，需要建立起综合体办公功能板块绿色建筑的全链条闭环设计。从前期的绿色建筑设计技术、绿色建筑设计初评估及绿色建筑星级评定，到后期的绿色建筑运营的环境能效优化、绿色建筑性能后评估是一个绿色建筑可持续发展的完整过程。

7.1 绿色建筑设计技术

Green Building Design Technology

　　根据工程的实际情况，高层总部办公综合体建筑的绿色建筑设计，通常采用以下绿色建筑设计技术：

　　(1) 屋顶花园

　　屋顶花园不但降温隔热效果优良，而且能美化环境、净化空气、改善局部小气候，还能丰富城市的俯仰景观，能补偿建筑物占用的绿化地面，大大提高城市的绿化覆盖率，是一种值得大力推广的屋面形式。

　　在屋顶设置花园，在减少城市热岛效应的同时，可为员工工作之余提供一个休闲、娱乐、放松的休憩平台。

（2）露台设计

在城市室外环境良好的情况下，应充分考虑办公场地的动静结合，通过对露台的景观布置，可将露台打造成与客户洽谈的地点，在洽谈工作之余，可近距离地欣赏室外的风景。同时露台也可作为员工日常休息场所，可在露台设置健身器材，让员工在休息之余能够锻炼身体。

露台外立面可采用垂直绿化系统，增加立面绿化效果，同时也为员工在工作之余提供一个良好的视野环境。

（3）室外风环境

通过流体力学软件，针对不同季节的风速情况，对高层总部办公综合体室外风环境进行模拟优化，确保人行区距地 1.5m 高处风速不超过 5m/s，不影响人们的正常室外活动，保证室外良好的通风散热。

（4）复层绿化

对场地乔、灌木的种植位置及搭配进行优化，选择乡土植物作为主要绿化物种，主要以乔、灌木为主，适当种植宿根花卉及草坪，降低室外热岛作用，提供舒适的室外环境。

广东地区乡土植物种类包括：马尾松、罗汉松、香樟、龙眼、含笑、紫玉盘、貂皮樟、大头茶、乌蕨、凤尾蕨等。

（5）围护结构节能设计

高层总部办公综合体建筑的围护结构以玻璃幕墙为主时，通常采用双层呼吸式幕墙并采用 Low-E 玻璃，能够对太阳光中的中、远红外线进行高反射，具有优良的隔热效果和良好的透光性。

需严格控制综合体的体形系数，在围护结构的节能计算时，良好的体形系数可为围护结构的节能计算创造有利的条件。

（6）双层呼吸式幕墙

呼吸式幕墙由内外两层玻璃幕墙组成，与传统幕墙相比，它的最大特点是内外两层幕墙之间形成了一个通风换气层，由于此换气层中空气的流通或循环的作用，使内层幕墙的温度接近室内温度，减小温差，因而它比传统的幕墙采暖时节约能源 42% ～ 52%，制冷时节约能源 38% ～ 60%。

由于双层幕墙的使用，整个幕墙的隔声效果得到了很大的提高。呼吸式幕墙根据通风层的结构的不同可分为"封闭式内循环体系"和"敞开式外循环体系"两种。

采用敞开式外循环体系的双层呼吸声幕墙，能够有效地节约夏季的空调能耗，减少空调费用，降低运营成本。

（7）地板送风

地板的送风口一般与地面平齐设置，地面需架空，下部空间用作布置送风管或直接用作送风静压箱，送风通过地板送风口进入室内与室内空气发生热质交换后从房间上部（顶棚或者工作区之上）的出风口排出。

由于回风口设于吊顶上，下送上回的气流组织形式有利于从使用空间中排除余热、余湿和污染物，从而保证工作区较高的换气效率和空气质量。

（8）排风热回收

当全热交换器在夏季制冷期运行时，新风从排风中获得冷量，使温度降低，同时被排风干燥，使新风湿度降低；在冬季运行时，新风从排风中获得热量，使温度升高，同时被排风加湿。

（9）智能照明系统

室内节能照明系统应采用T5节能灯设计，楼梯间人员流动较少，可配置人工照明灯具，采用声、光控照明技术。办公区根据环境照度自动进行调光，并根据不同模式（如会议、展示等）智能控制照度，大空间办公区域一键关闭，非工作时间公共区域照度关闭，启动红外感应。

（10）太阳能光伏

太阳能光伏发电无噪声、寿命长，而且一旦设置完毕就几乎不需要调整。

可利用太阳能发电，产生的电量直接用于地下室、楼梯间等公共区域夜间照明。太阳能光伏发电量占整个项目用电总量的2%以上。

可在屋顶朝南向设置太阳能光伏板，为公共部位照明提供电能。

可采用太阳能光伏幕墙，使用薄膜光伏玻璃。

（11）人工湿地

人工湿地是模拟自然湿地的人工生态系统，类似自然沼泽地，但由人工建造和监督控制，是一种人为地将石、砂、土壤、煤渣等一种或几种介质按一定比例构成基质，并有选择性地植入植物的污水处理生态系统。它是一种集物理、化学、生化反应于一体的废水处理技术，是一个独特的土壤、植物、微生物综合生态系统。

项目可将水景设置成人工湿地的形式，同时将项目盥洗池等优质杂排水作为人工湿地水源，经处理后的水，用于室外绿地浇洒、道路冲洗及冲厕使用，使项目非传统水源利用率＞20%。

（12）节水措施

节水灌溉：微喷灌是利用专门的设备（喷头）将有压水送到灌溉地段，并喷射到空中散成细小的水滴，均匀地分布于植物间进行灌溉。采用喷灌能严格控制土壤水分，保持肥力，与传统人工浇灌相比，能够节约30%以上的水资源。

节水器具：办公建筑内的用水量较大，主要为冲厕用水和盥洗用水，可占到办公楼用水的90%以上，通过合理选用节水卫生器具，可以有效减少用水量，节约水资源。

（13）灵活隔断

大开间办公室、会议室等内部空间，根据不同的使用需求，采用可折叠或拆卸的灵活隔断，使办公空间灵活开放。

（14）导光板设置

室内办公区域为大开间办公室时，进深较大，室内自然采光效果随着进深的增加，将逐渐减弱，最内层部分的采光效果将达不到自然采光系数的要求。可在室内设置反光板，将照射进来的部分自然光反射至室内深处，这样室内进深较大的部分也可使用自然光。这有利于员工的身心健康，同时减少室内白天照明的费用。

此外，在全阴天情况下，可通过建模及计算，对办公空间自然采光效果进行模拟优化，确保室内有良好的采光效果，可根据模拟结果，对采光较弱的室内部分采取措施，使其自然采光达到相关要求，减少人工照明费用。

（15）室内自然通风

可利用架空层，有效地改善通风效果，并针对办公空间优化通风开口面积大小，通过软件对室内自然通风效果进行模拟优化，保证室内有良好的自然通风效果。

（16）地下室采光

高层总部办公综合体建筑通常具有大型的地下空间，其自然采光不仅有利于建筑照明节能，充足的自然光还有利于改善地下空间的卫生环境。同时，自然采光也可作为日间地下空间应急照明的可靠光源。

可采用地下室导光筒等成熟的采光技术，室外导光筒装置可结合南向绿化进行布置，室内导光筒装置可布置在地下车库的行车道上方。

（17）遮阳系统

为降低室内空调负荷，避免太阳直射，可设置活动外遮阳，夏季全部闭合可以避免阳光直射，降低室内负荷，冬季全部打开，加强室内采光。

建筑西面由于阳光照射强烈，可采用固定遮阳，利用幕墙结构形式直接进行遮阳。其余面可在呼吸式幕墙内部，设置活动百叶遮阳，既起到遮阳作用，也不影响立面美观。

外围护结构设置遮阳设施，能够有效地降低太阳直射，降低室内负荷，具有良好的节能效果。

（18）CO 和 CO_2 浓度监测系统

可在地下车库设置 CO 浓度监测系统。上下班期间，车辆出入较多，当地下室 CO 浓度超过标准值时，报警并增加通风系统的通风量，当浓度恢复到正常值时，降低通风系统的通风量，节约能源。

在人员较多的办公室可设置 CO_2 监控系统，并与新风进行联动，当室内 CO_2 浓度达到设定值 1000ppm 时，BA 系统发出报警提示信息；当浓度继续升高、超过设定值 15% 时，BA 系统将控制新风机加大新风量，当监测到 CO_2 浓度在允许范围内时，将减小新风机组的送风量。

（19）绿色建筑展示系统

可在办公建筑的大堂设置绿色建筑展示系统，对建筑能耗、温湿度等情况进行实时监测及展示，并可对来访客户发送手机 APP 应用，通过客户安装手机应用，可实时了解该办公建筑的绿色建筑相关情况，同时，该 APP 应用还可显示建筑内不同部门的位置，方便客户及时找到相关地点。

7.2　绿色建筑设计预评估
Pre-Evaluation of Green Building Design

在高层总部办公综合体建筑建设前期策划的可行性分析阶段，结合工作前期收集到的技术资料，可以对拟建的综合体项目的绿色建筑评价标识等级进行预评估，从而确定绿色建筑评价标识等级的合理性，并根据绿色建筑评价标识等级制定实施的技术措施和计算绿色建筑投资的增量成本。

绿色建筑设计预评估要根据办公综合体建筑工程的具体情况，包括项目的地理位置、所处环境、建筑本身具备的条件和项目绿色建筑设计的需求定位，并采取以下的方法和步骤：

第一是根据建筑本身具备的条件，确定绿色建筑设计的需求定位，即项目要达到的星级标准；第二是建立绿色建筑设计需求定位星级标准的绿色技术体系并对该技术体系进行分析；第三是根据国家和地方的绿色建筑评价标准，对项目进行条文分析及预评估。

预评估的结论有助于确定拟建办公综合体绿色建筑评价标识等级的合理性，并在进一步的绿色建筑设计中实施预评估建立的技术体系，使其达到最终的绿色建筑设计目标。

在绿色建筑预评估完成后，可根据预评估的结论，计算为达到绿色建筑设计目标的投资增量成本，使办公综合体的绿色建筑设计落实到实处，合理控制建设成本和减少项目建成后的运营费用。

7.3　绿色建筑设计预评估案例
Pre-Evaluation Projects of Green Building Design

本章节选取的办公综合体的绿色建筑设计预评估案例是以国家 2019 年实施的《绿色建筑评价标准》GB/T 50378—2019 为依据进行的。

1）广州无限极广场工程概况及绿色建筑定位

广州无限极广场设计复杂多变而又统一，横跨地铁二号线，是衔接飞翔公园与白云山之间的中部视线通廊。项目用地面积 45280m²，总建筑面积约 185643m²，计容面积为

113200m²，项目建筑为塔楼建筑高度为 35m 办公楼塔群组团，地上 7 层（局部 8 层）、地下 2 层。

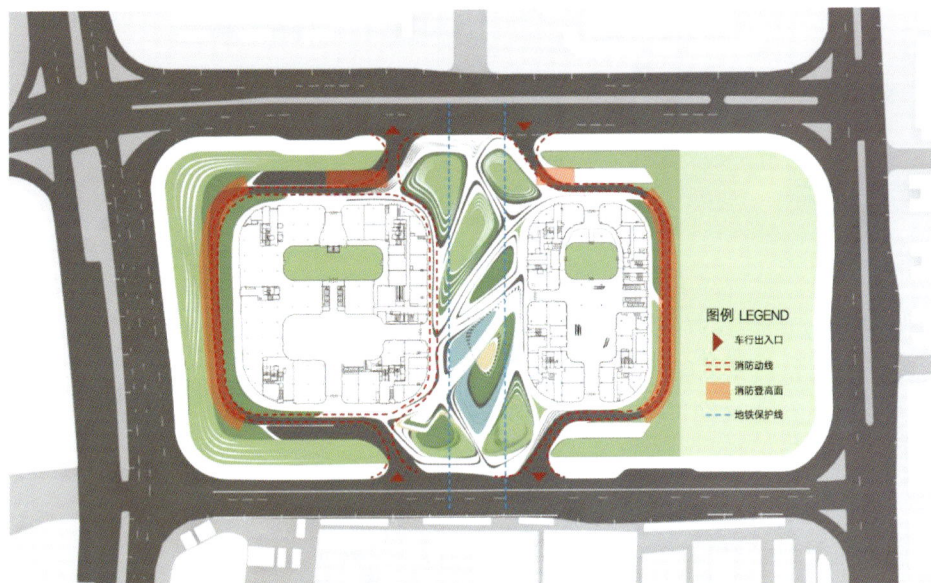

广州无极限广场总平面图

广州无极限广场实景

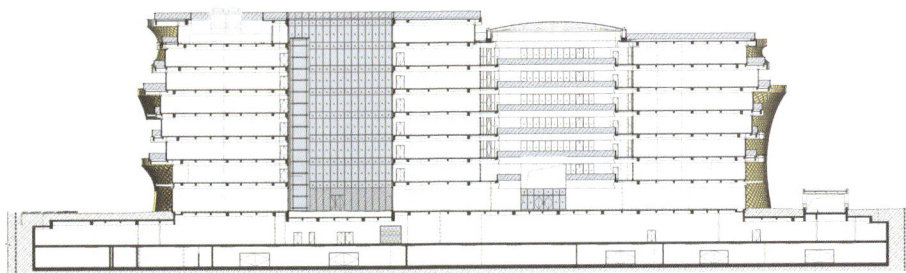

广州无极限广场剖面图

项目打造高星级绿色建筑，通过被动为主，主动为辅的主被动结合的绿色建筑技术体系，将项目打造成国内领先的办公楼绿色建筑示范楼。

在规划设计时，通过建筑室外场地布置、室内空间布局及立面控制，保证室外热环境、室外风环境、室内自然通风及采光效果，同时，通过排风热回收技术、大跨度双曲面穿孔遮阳铝板及外挑廊的有效利用等主动式技术，将项目打造成真正的绿色、节能、舒适、高效的国内领先的综合办公大楼，项目定位为绿色建筑三星级。

2）建立和分析绿色建筑设计技术体系

针对项目的具体情况，初步建立起绿色建筑设计三星级标准的绿色技术体系，包括以下方面：ETFE 膜采光顶蒸发冷却降温隔热系统屋面、室外风环境、围护结构节能设计、排风热回收、智能照明系统、节水措施、灵活隔断、室内自然采光、地下室采光、室外遮阳系统、CO 浓度监测系统、绿色装饰装修材等等。

建立起绿色建筑设计三星级标准的绿色技术体系后，对该绿色技术体系的各个方面进行全面的分析。

本工程绿色建筑设计将重点考虑室内舒适度及建筑能耗两个方面，以被动式设计为主，主动式设计为辅，重点考虑室内的通风、采光及使用空间的舒适性，并通过部分主动式技术的运用，在保证室内优质工作环境的同时，最大限度的降低室内能耗，减少项目的运营费用。

针对该项目对绿色建筑设计的高要求定位，应用高端的绿色建筑设计技术是合理的，可使项目达到绿色建筑设计的三星级目标。

3）主要技术措施简介及预评估结果

（1）条文分析

依据《绿色建筑评价标准》GB/T 50378—2019 中三星级评价标准的有关条文，从安全耐久、健康舒适、生活便利、资源节约、环境宜居、提高与创新的 6 大方面进行条文分析，如表 7-1 ～ 表 7-6 所示。

安全耐久　　　　　　　　　　　　　　　　　　　　　　　　　　表 7-1

子项	条文编号	条文	满分	达标／得分
控制项	4.1.1	场地应避开滑坡、泥石流等地质危险地段，易发生洪涝地区应有可靠的防洪涝基础设施；场地应无危险化学品、易燃易爆危险源的威胁，应无电磁辐射、含氡土壤的危害	／	达标
	4.1.2	建筑结构应满足承载力和建筑使用功能要求。建筑外墙、屋面门窗幕墙及外保温等围护结构应满足安全、耐久和防护的要求	／	达标
	4.1.3	室外遮阳、太阳能设施、空调室外机位、外墙花池等部外部设施应与建筑主体结构统一设计、施工，并应具备安装、检修与维护条件	／	达标
	4.1.4	建筑内部的非结构构件、设备及附属设施等应连接牢固并能适应主体结构变形	／	达标

子项	条文编号	条文	满分	达标／得分
控制项	4.1.5	建筑外门窗必须安装牢固，其抗风压性能和水密性能应符合国家现行有关标准的规定	／	达标
	4.1.6	卫生间、浴室的地面应设置防水层，墙面、顶棚应设置防潮层	／	达标
	4.1.7	走廊、疏散通道等通行空间应满足紧急疏散、应急救护等要求，且应保持畅通	／	达标
	4.1.8	应具有安全防护的警示和引导标识系统	／	达标
Ⅰ 安全	4.2.1	采用基于性能的抗震设计并合理提高建筑的抗震性能	10	0
	4.2.2	采取保障人员安全的防护措施	15	15
	4.2.3	采用具有安全防护功能的产品或配件	10	10
	4.2.4	室内外地面或路面设置防滑措施	10	10
	4.2.5	采取人车分流措施，且步行和自行车交通系统有充足照明	8	8
Ⅱ 耐久	4.2.6	采取提升建筑适变性的措施	18	11
	4.2.7	采取提升建筑部品部件耐久性的措施	10	10
	4.2.8	提高建筑结构材料的耐久性	10	0
	4.2.9	合理采用耐久性好、易维护的装饰装修建筑材料	9	6
合计			100	70

健康舒适

表 7-2

子项	条文编号	条文	满分	达标／得分
控制项	5.1.1	室内空气中的氨、甲醛、苯、总挥发性有机物、氡等污染物浓度应符合现行国家标准《室内空气质量标准》GB/T 18883 的有关规定。建筑室内和建筑主出入口处应禁止吸烟，并应在醒目位置设置禁烟标志	／	达标
	5.1.2	应采取措施避免厨房、餐厅、打印复印室、卫生间、地下车库等区域的空气和污染物串通到其他空间；应防止厨房、卫生间的排气倒灌	／	达标
	5.1.3	给水排水系统的设置应符合下列规定： 1. 生活饮用水水质应满足现行国家标准《生活饮用水卫生标准》GB 5749 的要求； 2. 应制定水池、水箱等储水设施定期清洗消毒计划并实施，且生活饮用水储水设施每半年清洗消毒应不少于 1 次； 3. 应使用构造内自带水封的便器，且其水封深度不应小于 50mm； 4. 非传统水源管道和设备应设置明确、清晰的永久性标识	／	达标
	5.1.4	主要功能房间的室内噪声级和隔声性能应符合下列规定： 1. 室内噪声级应满足现行国家标准《民用建筑隔声设计规范》GB 50118 中的低限要求； 2. 外墙、隔墙、楼板和门窗的隔声性能应满足现行国家标准《民用建筑隔声设计规范》GB 50118 中的低限要求	／	达标
	5.1.5	建筑照明应符合下列规定： 1. 照明数量和质量应符合现行国家标准《建筑照明设计标准》GB 50034 的规定； 2. 人员长期停留的场所应采用符合现行国家标准《灯和灯系统的光生物安全性》GB/T 20145 规定的无危险类照明产品； 3. 选用 LED 照明产品的光输出波形的波动深度应满足现行国家标准《LED 室内照明应用技术要求》GB/T 31831 的规定	／	达标
	5.1.6	应采取措施保障室内热环境。采用集中供暖空调系统的建筑，房间内的温度、湿度、新风量等设计参数应符合现行国家标准《民用建筑供暖通风与空气调节设计规范》GB 50736 的有关规定；采用非集中供暖空调系统的建筑，应具有保障室内热的措施或预留条件	／	达标

子项	条文编号	条文	满分	达标／得分
控制项	5.1.7	围护结构热工性能应符合下列规定： 1.在室内设计温度、湿度条件下，建筑非透光围护结构内表面不得结露； 2.供暖建筑的屋面、外墙内部不应产生冷凝； 3.屋顶和外墙隔热性能应满足现行国家标准《民用建筑热工设计规范》GB 50176 的要求	／	达标
	5.1.8	主要功能房间应具有现场独立控制的热环境调节装置	／	达标
	5.1.9	地下车库应设置与排风设备联动的一氧化碳浓度监测装置	／	达标
Ⅰ 室内空气品质	5.2.1	控制室内主要空气污染物的浓度	12	12
	5.2.2	选用的装饰装修材料满足国家现行绿色产品评价标准中对有害物质限量的要求	8	5
Ⅱ 水质	5.2.3	直饮水、集中生活热水、游泳池水、采暖空调系统用水、景观水体等的水质满足国家现行有关标准的要求	8	8
	5.2.4	生活饮用水水池、水箱等储水设施采取措施满足卫生要求	9	9
	5.2.5	所有给水排水管道、设备、设施设置明确、清晰的永久性标识	8	8
Ⅲ 声环境与光环境	5.2.6	取措施优化主要功能房间的室内声环境	8	8
	5.2.7	主要功能房间的隔声性能良好	10	5
	5.2.8	充分利用天然光	12	6
Ⅳ 室内热湿环境	5.2.9	具有良好的室内热湿环境	8	8
	5.2.10	优化建筑空间和平面布局，改善自然通风效果	8	6
	5.2.11	设置可调节遮阳设施，改善室内热舒适	9	3
合计			100	78

生活便利　　　　　　　　　　　　　　　　　　　　　　　表 7-3

子项	条文编号	条文	满分	达标／得分
控制项	6.1.1	建筑、室外场地、公共绿地、城市道路相互之间应设置连贯的无障碍步行系统	／	达标
	6.1.2	场地人行出入口 500m 内应设有公共交通站点或配备联系公共交通站点的专用接驳车	／	达标
	6.1.3	停车场应具有电动汽车充电设施或具备充电设施的安装条件，并应合理设置电动汽车和无障碍汽车停车位	／	达标
	6.1.4	自行车停车场所应位置合理、方便出入	／	达标
	6.1.5	建筑设备管理系统应具有自动监控管理功能	／	达标
	6.1.6	建筑应设置信息网络系统	／	达标
Ⅰ 出行与无障碍	6.2.1	场地与公共公交通站点联系便捷	8	8
	6.2.2	建筑室内外公共区域满足全龄化设计要求	8	8
Ⅱ 服务设施	6.2.3	提供便利的公共服务	10	10
	6.2.4	城市绿地、广场及公共运动场地等开敞空间，步行可达	5	5
	6.2.5	合理设置健身场地和空间	10	10
Ⅲ 智慧运行	6.2.6	设置分类、分级用能自动远传计量系统，且设置能源管理系统实现对建筑能耗的监测、数据分析和管理	8	8

子项	条文编号	条文	满分	达标／得分
Ⅲ 智慧运行	6.2.7	设置 PM10、PM2.5、CO_2 浓度的空气质量监测系统，且具有存储至少一年的监测数据和实时显示等功能	5	5
	6.2.8	设置用水远传计量系统、水质在线监测系统	7	3
	6.2.9	具有智能化服务系统	9	6
Ⅳ 物业管理	6.2.10	制定完善的节能、节水、节材、绿化的操作规程、应急预案，实施能源资源管理激励机制，且有效实施	5	5
	6.2.11	建筑平均日用水量满足现行国家标准《民用建筑节水设计标准》GB 50555 中节水用水定额的要求	5	2
	6.2.12	定期对建筑运营效果进行评估，并根据结果进行运行优化	12	12
	6.2.13	建立绿色教育宣传和实践机制，编制绿色设施使用手册，形成良好的绿色氛围，并定期开展使用者满意度调查	8	8
合计			100	90

资源节约　　　　　　　　　　　　　　　　　　　　　　　　　表 7-4

子项	条文编号	条文	满分	达标／得分
控制项	7.1.1	应结合场地自然条件和建筑功能需求，对建筑的体形、平面布局、空间尺度、围护结构等进行节能设计，且应符合国家有关节能设计的要求	／	达标
	7.1.2	应采取措施降低部分负荷、部分空间使用下的供暖、空调系统能耗	／	达标
	7.1.3	应根据建筑空间功能设置分区温度，合理降低室内过渡区空间的温度设定标准	／	达标
	7.1.4	主要功能房间的照明功率密度值不应高于现行国家标准《建筑照明设计标准》GB 50034 规定的现行值；公共区域的照明系统应采用分区、定时、感应等节能控制；采光区域的照明控制应独立于其他区域的照明控制	／	达标
	7.1.5	冷热源、输配系统和照明等各部分能耗应进行独立分项计量	／	达标
	7.1.6	垂直电梯应采取群控、变频调速或能量反馈等节能措施；自动扶梯应采用变频感应启动等节能控制措施	／	达标
	7.1.7	应制定水资源利用方案，统筹利用各种水资源	／	达标
	7.1.8	不应采用建筑形体和布置严重不规则的建筑结构	／	达标
	7.1.9	建筑造型要素应简约，应无大量装饰性构件	／	达标
	7.1.10	500km 以内生产的建筑材料重量占建筑材料总重量的比例应大于 60%；现浇混凝土应采用预拌混凝土，建筑砂浆应采用预拌砂浆	／	达标
Ⅰ 节地与土地利用	7.2.1	节约集约利用土地	20	16
	7.2.2	合理开发利用地下空间	12	5
	7.2.3	采用机械式停车设施、地下停车库或地面停车楼等方式	8	8
Ⅱ 节能与能源利用	7.2.4	优化建筑围护结构的热工性能	15	15
	7.2.5	供暖空调系统的冷、热源机组能效均优于现行国家标准《公共建筑节能设计标准》GB 50189 的规定以及现行有关国家标准能效限定值的要求	10	10
	7.2.6	采取有效措施降低供暖空调系统的末端系统及输配系统的能耗	5	5
	7.2.7	采用节能型电气设备及节能控制措施	10	8

子项	条文编号	条文	满分	达标／得分
Ⅱ 节能与能源利用	7.2.8	采取措施降低建筑能耗	10	5
	7.2.9	结合当地气候和自然资源条件合理利用可再生能源	10	8
Ⅲ 节水与水资源利用	7.2.10	使用较高用水效率等级的卫生器具	15	15
	7.2.11	绿化灌溉及空调冷却水系统采用节水设备或技术	12	9
	7.2.12	结合雨水综合利用设施营造室外景观水体，室外景观水体利用雨水的补水量大于水体蒸发量的60%，且采用保障水体水质的生态水处理技术	8	0
	7.2.13	使用非传统水源	15	8
Ⅳ 节材与绿色建材	7.2.14	建筑所有区域实施土建工程与装修工程一体化设计及施工	8	8
	7.2.15	合理选用建筑结构材料与构件	10	8
	7.2.16	建筑装修选用工业化内装部品	8	3
	7.2.17	选用可再循环材料、可再利用材料及利废建材	12	3
	7.2.18	选用绿色建材	12	8
合计			200	142

环境宜居 表7-5

子项	条文编号	条文	满分	达标／得分
控制项	8.1.1	建筑规划布局应满足日照标准，且不得降低周边建筑的日照标准	／	达标
	8.1.2	室外热环境应满足国家现行有关标准的要求	／	达标
	8.1.3	配建的绿地应符合所在地城乡规划的要求，应合理选择绿化方式，植物种植应适应当地气候和土壤，且应无毒害、易维护，种植区域覆土深度和排水能力应满足植物生产需求，并应采用复层绿化方式	／	达标
	8.1.4	场地的竖向设计应有利于雨水的收集或排放，应有效组织雨水的下渗、滞蓄或再利用；对大于10 hm²的场地应进行雨水控制利用专项设计	／	达标
	8.1.5	建筑内外均应设置便于识别和使用的标识系统	／	达标
	8.1.6	场地内不应有排放超标的污染源	／	达标
	8.1.7	生活垃圾应分类收集，垃圾容器和收集点的设置应合理并应与周围景观协调	／	达标
Ⅰ 场地生态与景观	8.2.1	充分保护或修复场地生态环境，合理布局建筑及景观	10	10
	8.2.2	规划场地地表和屋面雨水径流，对场地雨水实施外排总量控制	10	5
	8.2.3	充分利用场地空间设置绿化用地	16	6
	8.2.4	室外吸烟区位置布局合理	9	9
	8.2.5	利用场地空间设置绿色雨水基础设施	15	3
Ⅱ 室外物理环境	8.2.6	场地内的环境噪声优于现行国家标准《声环境质量标准》GB 3096 的要求	10	10
	8.2.7	建筑及照明设计避免产生光污染	10	10
	8.2.8	场地内风环境有利于室外行走、活动舒适和建筑的自然通风	10	10
	8.2.9	采取措施降低热岛强度	10	3
合计			100	66

子项	条文编号	条文	满分	达标／得分
加分项	9.2.1	采取措施进一步降低建筑供暖空调系统的能耗	30	0
	9.2.2	采用适宜地区特色的建筑风貌设计，因地制宜传承地域建筑文化	20	20
	9.2.3	合理选用废弃场地进行建设，或充分利尚可使用的旧建筑	8	0
	9.2.4	场地绿容率不低于 3.0	5	0
	9.2.5	采用符合工业化建造要求的结构体系与建筑构件	10	0
	9.2.6	应用建筑信息模型（BIM）技术	15	15
	9.2.7	进行建筑碳排放计算分析，采取措施降低单位建筑面积碳排放强度	12	12
	9.2.8	按照绿色施工的要求进行施工和管理	20	16
	9.2.9	采用建设工程质量潜在缺陷保险产品	20	0
	9.2.10	采取节约资源、保护生态环境、保障安全健康、智慧友好运行、传承历史文化等其他创新，并有明显效益	40	20
合计			180	83

（2）预评估结果

	控制项基础分值 Q0	安全耐久 Q1	健康舒适 Q2	满生活便利 Q3	资源节约 Q4	环境宜居 Q5	加分项 QA
预评价分值	30	30	30	30	30	30	0
评价分值	20	20	20	20	20	20	20
得分	8	8	8	8	8	8	0
总得分 Q	5	5	5	5	5	5	0
得分星级	180	180	180	180	180	180	83

　　按照以上绿色建筑技术体系，本工程评估得分为 92.9 分，满足绿色建筑三星级要求。得出预评估的结果后，可以对项目开展下一步的绿色建筑设计工作。

7.4 绿色建筑性能的后评估
Post-Evaluation of Green Building Performance

随着绿色建筑产业在世界范围内的迅猛发展，当前世界各国和地区都逐渐意识到绿色建筑后评估的重要性。目前，绿色建筑在中国已进入快速发展阶段，开展绿色建筑效果后评估的调研与分析，发现实际运行中的问题，总结成功的建设和管理经验，对于我国绿色建筑持续良好的发展有着重要的意义。

高层总部办公综合体的绿色建筑的后评估，是提升绿色建筑高质量发展的重要手段。后评估目的是借助工程项目的效果测评去直接量化绿色建筑节能减排的效益，优化绿色建筑的规模化的发展价值，挖掘和确定工程技术适用性程度和整体性能优化改进的路径。

后评估是建筑全生命周期的重要一环，可从三个方面对绿色建筑后评估的定义作出全面解释。第一是指在建筑建成和使用一段时间后，对绿色建筑的性能进行系统严格的评估过程；第二是指考评建成的绿色建筑环境是否实实在在满足并支持了人们明确的或潜在的需求；第三是指在绿色建筑投入使用后，对其绿色建筑设计进行系统研究，从而为建筑师提供反馈信息。

许多研究结果都表明，绿色建筑后评估一般可以采取以下方法进行：

（1）制定有效的测试分析方案，研究绿色技术的具体运行效果及可能产生的问题。

（2）提出绿色技术的运行效果考核点，提出绿色技术运行效果后评估指标体系。

（3）收集建成绿色建筑的数据，将结果与环境性能标准进行分析比较，检验建筑的实际使用是否达到预期。

（4）对前期设计预判实现反馈。一方面，掌握绿色建筑运行规律，优化建筑运行的管理操作；另一方面，通过信息反馈，不断推动新建的绿色建筑向高质量方向发展。

参考文献

Reference

[1] 卓刚. 高层建筑设计 [M]. 武汉：华中科技大学出版社，2014.

[2] 何锦超，孙礼军. 高层建筑标准层设计 100 例 [M]. 北京：中国建筑工业出版社，2005.

[3] 孙礼军. 高层建筑屯梯设计 38 例 [M]. 北京：中国建筑工业出版社，2010.

[4] 杨欣荣. 超高层办公建筑核心筒设计研究 [J]. 南方建筑，2013（6）：68–72.

[5] 孟丽娇. 浅析超高层建筑核心筒设计 [J]. 城市建筑，2014（22）：31–33.

[6] 卓刚. 关于高层建筑设备用房设计的思考 [J]. 新建筑，2014（6）：91–93.

[7] 姜鹏. 综合体的起源与发展趋势 [J]. 技术要点，2011（34）.

[8] 庄典雅. 解密城市商业综合体设计 [M]. 北京：北京大学出版社，2014.

[9] 张为平. 隐形逻辑 [M]. 南京：东南大学出版社，2009.

[10] 格兰尼. 城市地下空间设计 [M]. 北京：中国建筑工业出版社，2016.

[11] 崔阳. 地下综合体功能空间整合设计研究 [D]. 上海：同济大学，2007.

[12] 本书编委会. 建筑设计资料集（第二版）[M]. 北京：中国建筑工业出版社，2017.

[13] 香港理工国际出版社. 城市综合体 [M]. 天津：天津大学出版社，2011.

[14] 侯兆铭，梅洪元. 技术创新与高层建筑形式创作研究 [J]. 建筑学报，2008（10）：88–89.

[15] 曾宪川，孙礼军，周文，等. 高层商业城市综合体建筑设计方法研究 [M]. 北京：中国建筑工业出版社，2017.

[16] 吕诗佳，王鲁民. 逻辑与形式：高层建筑设计的新动向 [J]. 城市建筑，2010（10）：43–44.

[17] 庄惟敏. 办公建筑的环境能源效率优化设计 [M]. 北京：中国建筑工业出版社，2019.

[18] "最设计丛书"编委会. 办公空间设计案例精选 [M]. 北京：化学工业出版社，2019.

[19] 余卓立. 办公空间设计 [M]. 北京：化学工业出版社，2020.

[20] 薛娟，侯宁，王海燕. 办公空间设计 [M]. 北京：中国水利水电出版社，2010.

[21] 章海霞. 办公空间设计案例精选 [M]. 北京：化学工业出版社，2019.

[22] 高迪国际. OFFICE HEADQUARTERS 办公总部大楼 [M]. 许雅杰，译. 南京：江苏科学技术出版社，2013.

[23] 杨建荣. 绿色建筑性能后评估 [M]. 北京：中国建筑工业出版社，2021.

[24] 广东省建筑设计研究院有限公司拟建办公楼绿色建筑设计预评估报告 [D]. 广州，2017.

[25] 陈朝阳，周文. 技术优化视角下的高层建筑塔楼设计：以昆明西山万达广场超高层双塔为例 [J]. 南方建筑，2020（4）：86–89.

[26] 滝本孝雄，藤沢英昭．色彩心理学 [M]．北京：科学技术文献出版社，1989．

[27] 冯文成．如何设计公共建筑的室内环境 [J]．建材与装饰，2018(31)：75—76．

[28] 冯文成，杨剑峰．装配式装修应用 [J]．装饰装修天地，2019 (3)：28,31．

[29] 冯文成．珠海广播大厦环境设计 [J]．南方建筑，2000(3)：49—50．

[30] 董功，张菡．秩序的建立与扰动：关于麓湖漂浮总部办公设计的回顾和思考 [J]．建筑学报，2022(4)：75—78．

[31] 许泅．基于绿色建筑理念的保利广州总部办公楼设计若干问题研究 [D]．华南理工大学，2017．

[32] 刘畅宜．企业总部大楼中庭空间设计研究 [D]．湖南大学，2014．

[33] 王丹玲．室内设计中的吸音降噪设计 [J]．甘肃高师学报，2003(5)：36—37．

[34] 毕留举．当代室内设计的情感关注 [J]．天津城市建设学院学报，2003(3)：153—155．

[35] 行淑敏，王峥．室内光环境设计：以人为本 [J]．家具与室内装饰，2002(3)：60—61．

[36] 叶霏．装饰装修工程预算 [M]．北京：中国水利水电出版社，知识产权出版社，2004．

[37] 韩国产业图书出版公社．商业空间装饰设计 [M]．杭州：浙江科学技术出版社，2004．

[38] 何强，井文涌，王翊亭．环境学导论 [M]．北京：清华大学出版社，2004．

[39] 章锦荣，王倩．室内设计与装修工程 [M]．天津：天津人民美术出版社，2003．